TRANSFERÊNCIA
DE ENERGIA SEM FIO

TOPOLOGIAS CLÁSSICAS PARA ACOPLAMENTO INDUTIVO

Editora Appris Ltda.
1.ª Edição - Copyright© 2024 do autor
Direitos de Edição Reservados à Editora Appris Ltda.

Catalogação na Fonte
Elaborado por: Dayanne Leal Souza
Bibliotecária CRB 9/2162

G589t 2024	Godoy, Ruben Barros
	    Transferência de energia sem fio: topologias clássicas para acoplamento indutivo / Ruben Barros Godoy. – 1. ed. – Curitiba: Appris, 2024.
	    157 p. : il. color. ; 21 cm. – (Geral).
	
	    Inclui referências.
	    ISBN 978-65-250-6424-6
	
	    1. Energia - Transferência. 2. Ressonância. 3. Eletricidade. I. Godoy, Ruben Barros. II. Título. III. Série.
	
	                                                    CDD – 621.319

Livro de acordo com a normalização técnica da APA

Appris editora

Editora e Livraria Appris Ltda.
Av. Manoel Ribas, 2265 – Mercês
Curitiba/PR – CEP: 80810-002
Tel. (41) 3156 - 4731
www.editoraappris.com.br

Printed in Brazil
Impresso no Brasil

Ruben Barros Godoy

TRANSFERÊNCIA DE ENERGIA SEM FIO

TOPOLOGIAS CLÁSSICAS PARA ACOPLAMENTO INDUTIVO

Appris *editora*

Curitiba, PR

2024

À minha mãe, dona de um par de olhos azuis, sempre vivos e carinhosos, independentemente do tempo, do espaço e da memória.

AGRADECIMENTOS

A Deus, por tudo!

À minha esposa, Mayara Ferreira. Ela tem olhos escuros que brilham com tudo o que faço e se divertem com minhas tolices.

À minha família, aqui representada pelos meus pais. Meus olhos marejados já expressariam tudo o que significam para mim: meu pai, João de Godoy (*in memoriam*), que partiu tão cedo, mas viveu o suficiente para me ensinar o valor da responsabilidade com minhas ações; minha mãe, Clarisse Godoy, meu porto seguro, conselheira para todas as situações e amiga leal. Suas maiores virtudes são a paciência e a simplicidade.

Aos meus amigos e colegas, aqui representados pelo Dr. Tiago Mateus: pessoas essenciais para meu crescimento profissional e amadurecimento em diversas áreas da vida.

Aos meus alunos. Eles não imaginam como sou grato por tudo o que me proporcionam e como torço pelo sucesso de cada um deles.

À Universidade Federal de Mato Grosso do Sul. Um verdadeiro lar, que me abraçou e me oportunizou as maiores conquistas profissionais da minha vida!

No: I am not tired. I have a curious constitution. I never remember feeling tired by work, though idleness exhausts me completely.

(Arthur Conan Doyle – Sherlock Holmes – The Sign of Four)

PREFÁCIO

A transmissão de energia sem fio é um dos desafios tecnológicos que possibilita redução de custos operacionais, otimização em atividades de risco e sustentabilidade no processo de transmissão e consumo da eletricidade. O domínio do desenvolvimento de soluções cada vez mais efetivas e com aplicabilidade segura passa pela popularização do conteúdo envolvente na transmissão de energia sem fio. Essa busca por soluções robustas e viáveis são fontes de investimento de setores da indústria como sistema elétrico, medicina, mobilidade elétrica e telecomunicações. Portanto, trata-se de uma área estratégica para países industrializados e os emergentes industriais.

Neste aspecto, este livro apresenta-se como instrumento para professores, alunos, projetistas e pesquisadores que necessitam explorar o conhecimento na transmissão de energia sem fio. A abordagem do livro engloba a modelagem matemática de topologias clássicas de compensação, Série-Série (SS), Série-Paralela (SP), Paralela-Série (PS) e Paralela-Paralela (PP) até projetos de transmissão de energia sem fio utilizando Evolução Diferencial. A análise teórica parte do pressuposto de alguns pré-requisitos, como conhecimento em circuitos elétricos e magnéticos. O autor descreve com clareza e traz uma leitura amigável sobre as topologias clássicas de ressonância para transferência de energia sem fio em sistemas fracamente acoplados.

A padronização na escrita do livro, apresentada entre os capítulos de 3 e 6, os apontamentos específicos de cada topologia de compensação e as informações sobre os requisitos práticos proporcionam uma escalada no conhecimento e, consequentemente, o amadurecimento técnico sobre transferência de energia sem fio. Nestes capítulos, mostra-se o cálculo da impedância equivalente, cálculo dos compensadores, cálculo do rendimento, exemplo de compensação, análise de estabilidade, análise do fator de acoplamento, metodologia de projeto e encerra-se com uma conclusão. Este livro, além de demonstrar matematicamente o comportamento das diferentes topologias de compensação, aponta soluções para projeto; portanto, pode ser utilizado na parte teórica e prática de uma disciplina. Deve-se ressaltar que na parte prática do livro, analisa-se o fenômeno da bifurcação, o fator de qualidade e as sensibilidades das topologias (SS, SP, PS, PP).

Como complemento, no livro, fornece-se uma metodologia para o projeto de transmissão de energia sem fio, utilizando Evolução Diferencial para calcular a indutância do circuito primário e do secundário, considerando parâmetros práticos. A partir de pseudocódigos, exemplos e, consequentemente, os resultados apresentados em simulações, o leitor pode replicar e/ou adequar para outros projetos que envolvam a transmissão de energia sem fio.

Este livro está organizado minuciosamente de modo a refletir o raciocínio do autor em apresentar o fluxo sequencial das informações. Composto por dez capítulos, o livro inicia com um breve histórico sobre o surgimento da transmissão de energia sem fio e culmina em projetos práticos utilizando uma técnica de meta-heurística. Resumidamente, destaca-se:

No Capítulo 1, ressaltam-se as contribuições de Nikola Tesla na transmissão de energia sem fio e exploram-se diversos métodos, resumindo as principais tecnologias e suas características. No Capítulo 2, discute-se a transferência com acoplamento fraco, examinando a influência da frequência de ressonância na potência transferida e destacando que a busca pela eficiência máxima não deve obscurecer outras limitações do processo. Nos Capítulos 3 a 6, detalham-se as topologias de compensação Série-Série (SS), Série-Paralela (SP), Paralela-Série (PS) e Paralela-Paralela (PP), concentrando-se na modelagem matemática e nos impactos de variáveis como a impedância equivalente e o fator de acoplamento. Esses capítulos utilizam exemplos práticos para demonstrar como instabilidades e variações de frequência podem afetar a eficiência e estabilidade, sublinhando a importância de escolhas criteriosas nos componentes dos sistemas. O Capítulo 7 investiga o fenômeno da bifurcação e seu impacto na eficiência, propondo métodos para mitigar ressonâncias múltiplas, enquanto o Capítulo 8 realiza uma análise estatística das topologias, usando a correlação de Pearson para avaliar a estabilidade. Nos Capítulos 9 e 10, apresenta-se uma metodologia otimizada com base em Evolução Diferencial para calcular indutâncias, e o autor descreve um projeto prático na topologia Série-Série implementado em Matlab/Simulink®, fornecendo um guia para o desenvolvimento de sistemas de transmissão de energia sem fio, incluindo o projeto físico dos elementos de compensação.

A organização didática e as demonstrações teóricas, acompanhadas de exemplos com parâmetros práticos, possibilitam que o livro seja utilizado para disciplinas na graduação e pós-graduação, além de ser uma referência para projetos no ramo da transferência de energia sem fio.

Edson Antonio Batista

Formado em Engenharia Elétrica pela UNESP/FEIS (2001), com mestrado (2004) e doutorado (2009) pela mesma instituição. Realizou pós-doutorado no Departamento de Engenharia Nuclear na University of Tennessee, EUA, de 2015 a 2016. É Professor Associado na Universidade Federal de Mato Grosso do Sul e bolsista de produtividade do CNPq. Suas pesquisas abrangem Smart Grids, IoT, mobilidade elétrica, instrumentação inteligente (IEEE 1451), simulação em tempo real, cálculo fracionário e desenvolvimento de controladores com base em modelo de predição.

SUMÁRIO

Capítulo 1

INTRODUÇÃO

1.1 Avanços históricos na transferência de energia sem fio

Em linhas gerais, a transferência de energia sem fio consiste na possibilidade de se transmitir energia elétrica entre um transmissor e um receptor por meio de campos eletromagnéticos. Ao contrário do que muitos pensam, o conceito de transferência de energia sem fio não é algo recente. Há fortes indícios que os primeiros experimentos incluindo micro-ondas foram realizados por Nikola Tesla, isso no final do século 19. Registros apontam que as primeiras tentativas de transferência sem fio se basearam em ondas de rádio e foram realizadas em seu laboratório em Colorado Springs (Dai & Ludois, 2015). Muito embora a existência do laboratório e da linha de pesquisa sejam historicamente confirmadas, não foram localizados relatórios ou artigos técnicos que avaliassem o desempenho dos experimentos realizados por Tesla. Há também registros da continuidade dos experimentos de Nikola Tesla em Suffolk County, em que uma torre de aproximadamente 47 metros foi construída, tendo em seu topo um eletrodo (Dai & Ludois, 2015) de aproximadamente 30 m de diâmetro. Antes da conclusão e dos testes experimentais, os recursos ficaram limitados e o projeto terminou interrompido. Por questões estratégicas, a curiosa construção foi demolida pelo governo americano durante a Primeira Guerra Mundial (Dai & Ludois, 2015).

Já na década de 1930, o Laboratório Westinghouse financiou pesquisas conduzidas por Harrell Vaun Noble. O aparato experimental consistiu em um transmissor e um receptor operando a 100 MHz, distantes entre si de 7,6 m. O experimento foi utilizado para demonstração na Feira Mundial de Chicago em 1933 e 1934. Ainda na década de 1930, outros dois experimentos tiveram importância notável no campo da transferência de energia sem fio (Dai & Ludois, 2015). O primeiro consistiu num tubo de feixe modulado em velocidade, descrito pela primeira vez por Oskar Heil juntamente de sua esposa, Agnesa Arsenjewa-Heil, em 1935. O trabalho inicial foi publicado em alemão, no Zeitschrift für Physik (Journal on Physics). O trabalho desenvolvido por eles gerou uma importante patente, posteriormente conhecida como o tubo de klystron. O segundo dispositivo de grande importância foi o magnetron de cavidade de micro-ondas, desenvolvido na Grã-Bretanha durante a Segunda Guerra Mundial (Boot & Randall, 1976).

A partir da década de 1960, os estudos referentes à transferência de energia sem fio no contexto de campos distantes cresceram consideravelmente. Várias aplicações foram desenvolvidas, sendo relevante citar avanços como o circuito receptor retificador desenvolvido por Charles Brown em 1960 e o aeromodelo alimentado por micro-ondas projetado por William Brown em 1964 (Brown, 1984). Em 1975, Peter Glaser obteve sucesso experimental transferindo mais de 400 kW por uma distância superior a 1,5 quilômetros (km) (Brown, 1984). Outros desenvolvimentos relevantes acontecem a partir de 1980, sendo notório o avanço registrado pelo projeto SHARP (Stationary High Altitude Platform), quando cerca de 500 kW foram transmitidos por uma distância superior a 20 km. Atualmente, o uso de transferência sem fio baseada em micro-ondas tem sido explorado em aplicações denominadas fontes de potência onipresentes. As pesquisas conduzidas pelo professor Naoki Shinohara (Shinohara, 2014) têm alcançado sucesso em aplicações como o suprimento de energia para aeromodelos, dirigíveis, equipamentos residenciais de pequeno porte e recarga de veículos elétricos.

Mantendo-se o foco na transferência de energia sem fio de campos distantes, uma outra forma que passou a ser explorada refere-se ao uso de lasers como fontes de energia. Se comparado ao uso de micro-ondas, o número de experimentos com essa tecnologia é bastante reduzido, contudo, os resultados alcançados são promissores, voltados especialmente para aplicações espaciais. No início dos anos 2000, Steinsiek e outros realizaram a transmissão de potência sem fio via laser para um pequeno veículo independente localizado a 280 metros de distância. No experimento, toda energia necessária para o acionamento dos motores e manutenção dos circuitos de controle foi proveniente da fonte de energia laser (Steinsiek, 2003).

Ainda na linha de pesquisa voltada para transmissão de energia utilizando lasers, em 2003, a Nasa apresentou um importante experimento em que um drone de potência aproximada de 6 W teve sua energia suprida por um feixe laser de 1 kW (Steinsiek, 2003). Vale ressaltar que, dada a direcionalidade dos feixes, este tipo de transmissão de energia agrega a importante vantagem de não interferir em outros sistemas, contudo, também apresenta a desvantagem de não transpor obstáculos. Há ainda a recorrente preocupação com o rendimento de sistemas desse tipo, pois os melhores desempenhos registrados estão na faixa de 20% a 25% (Steinsiek, 2003). É válido ressaltar que, para aplicações de baixa potência, muitos dispositivos já vêm sendo alimentados ou carregados por estruturas óticas de transmissão de energia sem fio. A Wi-Charge demonstrou resultados interessantes utilizando radiação infravermelha para aplicações diversas. Avaliações experimentais demonstraram transferência de potência de 3 W em distâncias de até 1 km (Steinsiek, 2003).

Diferentemente da propagação de energia na operação por campos distantes, dependente principalmente de campos elétricos ou de feixes concentrados de luz, a operação no contexto de campos próximos pode ser tanto por campos elétricos quanto magnéticos. Uma importante característica da operação por campos próximos é que a distância entre transmissor e receptor é significativamente inferior ao comprimento da onda de propagação de energia.

Muito embora a transferência indutiva seja mais popular, é importante mencionar que os primeiros testes apresentados por Nikola Tesla foram baseados em indução eletrostática (Dai & Ludois, 2015). A transferência capacitiva de campo próximo é obtida por meio de campos elétricos. Basicamente, uma placa metálica deve ser conectada em cada terminal dos circuitos primário e secundário, permitindo que o acoplamento entre os circuitos ocorra de forma capacitiva. Do ponto de vista elétrico, é como se dois capacitores fossem inseridos nos condutores de conexão entre o circuito transmissor e o circuito receptor, fechando-se o circuito para a circulação de corrente. Assumindo-se que o campo elétrico estabelecido entre as placas seja uniforme e variante no tempo, com base nas leis que governam a eletrostática e a eletrodinâmica, a corrente elétrica no secundário dependerá proporcionalmente da frequência de operação e da concentração de linhas de campo. Apesar dos desafios na compensação dos circuitos e na melhoria de desempenho, principalmente do rendimento, a transferência capacitiva apresenta vantagens interessantes, tais como a pouca dispersão de campo elétrico, uma vez que o campo se mantém restrito à região de separação entre as placas, e a não interferência de objetos metálicos situados entre as placas onde o campo elétrico é estabelecido (Detka & Górecki, 2022). Muito embora as vantagens mencionadas sejam atrativas para a transferência sem fio, uma pesquisa realizada em 2015 apontou que as principais aplicações com transferência capacitiva estão limitadas a baixas potências e distâncias entre placas inferiores a 1 milímetro (Dai & Ludois, 2015; Detka & Górecki, 2022). Outro desafio da transferência capacitiva está na frequência de operação, afinal, as baixíssimas capacitâncias podem conduzir a impedâncias muito elevadas, dificultando consideravelmente a transferência de potência em maiores proporções (Detka & Górecki, 2022).

Por outro lado, diferentemente da transferência capacitiva, o acoplamento indutivo ocorre por meio de duas bobinas, sendo uma primária, geradora de campo magnético, e outra secundária, onde haverá tensão ou corrente induzida a partir das linhas de campo primárias. O desempenho da transferência indutiva depende muito da concatenação de linhas de fluxo na bobina secundária, sendo importante minimizar a dispersão. Outra variável importante é a frequência de operação, afinal a tensão induzida a partir da indutância mútua é proporcional à frequência. Obviamente que restrições físicas e elétricas impedem o aumento indiscriminado do tamanho da bobina secundária ou do aumento da frequência, sendo necessário buscar alternativas viáveis para a melhoria de desempenho. Uma forma de melhorar a transferência de energia nesses sistemas consiste em forçar o sistema a operar em condição de ressonância. Sendo assim, tanto o transmissor, também denominado primário, quanto o receptor, denominado secundário, passam a operar em ressonância numa determinada frequência de projeto. Foco deste livro, as topologias clássicas de compensação (Shevchenko et al., 2019) serão abordadas visando apresentar ao leitor a noção de projeto com base nas principais variáveis e nos parâmetros de desempenho de cada topologia.

Atualmente, os avanços das pesquisas na área de transferência sem fio já resultam em aplicações de grande impacto tecnológico na sociedade. Um exemplo importante é o Online Electric Vehicle (OLEV) desenvolvido na Coréia (Feng et al., 2020; Minnaert & Stevens, 2016; Swain et al., 2014). Essa aplicação lida com carregamento indutivo dinâmico, permitindo carregamento de baterias de veículos elétricos em movimento, transmitindo cerca de 100 kW de potência a distâncias entre bobinas de 20 cm (Feng et al., 2020).

Por outro lado, aplicações de baixa potência também estão ganhando espaço no carregamento sem fio. Como exemplo, observa-se o conceito de mobiliário com carregamento sem fio integrado, permitindo a flexibilidade de dispositivos portáteis serem carregados automaticamente quando posicionados sobre uma mesa (Minnaert & Stevens, 2016).

No campo da engenharia biomédica, há também sensível apelo ao uso de carregamento sem fio em dispositivos implantáveis. A possibilidade de evitar a remoção de implantáveis para a troca de baterias traz inúmeras vantagens, tais como redução de riscos de infecção e do desconforto aos pacientes (Agarwal et al., 2017).

A Figura 1 resume as principais formas de transferência de energia sem fio, incluindo as mais relevantes vantagens (quadros verdes) e desvantagens (quadros vermelhos) de cada tecnologia. Vale ressaltar que diferentes técnicas podem ser derivadas a partir dos princípios básicos apontados na Figura 1. Em destaque na Figura 1, está o quadro que identifica a tecnologia de transferência de potência sem fio que será abordada nos próximos capítulos.

Figura 1

Classificação dos princípios físicos utilizados para a transferência sem fio

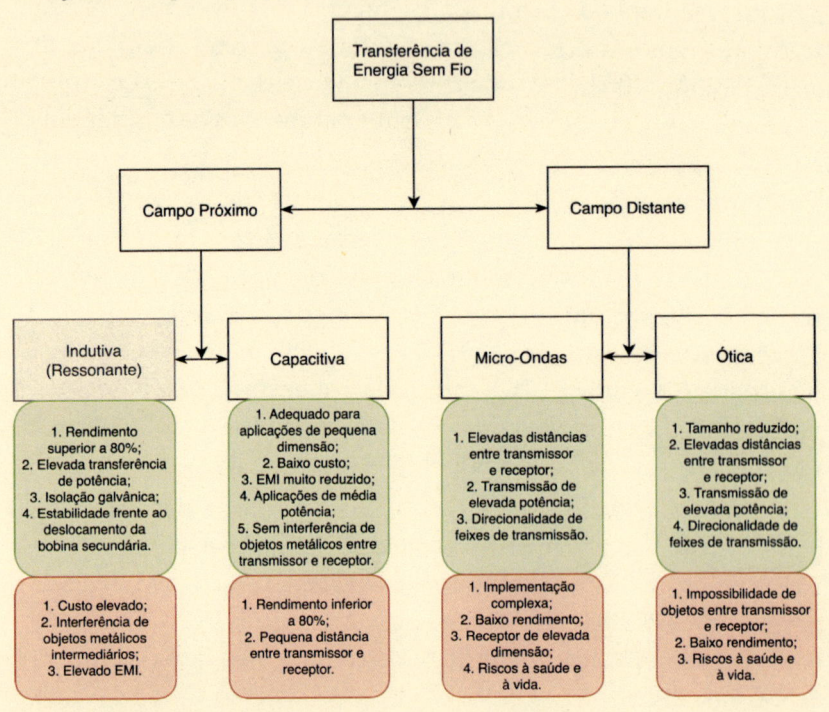

Nota. Elaborada pelo autor.

1.2 Visão geral dos próximos capítulos

O Capítulo 2 deste livro apresentará a evolução do raciocínio para que a transferência de potência indutiva de campo fraco possa ocorrer (Gazulla et al., 2009). Os capítulos 3 a 6 focarão nas topologias clássicas de compensação, sequencialmente analisadas: Série-Série (SS), Série-Paralela (SP), Paralela-Série (PS) e Paralela-Paralela (PP)

(Detka & Górecki, 2022; Shevchenko et al., 2019). Em virtude da importância do fenômeno de bifurcação (Wang et al., 2004; Huang et al., 2014), o Capítulo 7 apresentará uma forma alternativa e muito eficaz de detectar a presença do fenômeno de bifurcação baseada nos fatores de qualidade das plantas em estudo. Uma proposta similar foi apresentada na literatura, permitindo expandir os limites e critérios de bifurcação conhecidos até então (Fernandes & Oliveira, 2015). Complementando, o Capítulo 8 abordará uma forma simples de análise de sensibilidade paramétrica para as topologias clássicas. A motivação para esse capítulo reside no desafio que as montagens práticas de sistemas ressonantes apresentam, dado que variações nos parâmetros dos circuitos acabam por modificar o desempenho do conjunto. Além disso, quando controladores são previstos, torna-se essencial identificar quais parâmetros elétricos são relevantes para os sinais a serem controladas.

Como referência para estudos mais aprofundados no tópico de análise de sensibilidade paramétrica para sistemas indutivos fracamente acoplados, destacamos algumas publicações: Fernandes e Oliveira (2015), Minnaert e Stevens (2016) e Swain et al. (2014) analisam tanto a sensibilidade do rendimento de uma planta a vários parâmetros quanto a interação entre variáveis de controle. A validade do modelo é verificada em diversas condições de operação, comparando o comportamento previsto com um protótipo de 1 kW de um sistema bidirecional; em Triviño et al. (2013), analisa-se o impacto de componentes presentes em circuitos com ressonância série, destacando-se a necessidade de seleção criteriosa em virtude das consequências prejudiciais no desempenho do conjunto. O estudo avalia os impactos no rendimento e na tensão de saída de um sistema de 50 kW; finalmente, Fernandes (2015) realiza um estudo muito abrangente, envolvendo 10 topologias de compensação. Sobre este último, além de boa fundamentação estatística, o estudo utiliza métodos de modelagem muito elucidativos que permitem a análise de todas as variáveis do circuito.

Concluindo, os Capítulos 9 e 10 demonstram a implementação e aplicação de um algoritmo de Evolução Diferencial para a seleção otimizada de indutâncias em sistemas de transferência de energia sem fio. No Capítulo 9, o autor detalha o algoritmo com um pseudocódigo e fornece um fluxograma para o cálculo das indutâncias, além de abordar o projeto físico das bobinas de acoplamento. O Capítulo 10, seguindo o que foi introduzido anteriormente, apresenta um exemplo prático de aplicação dessa metodologia na topologia Série-Série, com implementação em Matlab/Simulink® e descrição dos projetos físicos dos elementos de compensação, reforçando a relevância das técnicas apresentadas para projetos práticos de transferência de energia sem fio.

Capítulo 2

TRANSFERÊNCIA DE ENERGIA SEM FIO ENTRE CIRCUITOS COM ACOPLAMENTO INDUTIVO FRACO

Como ponto de partida, vamos considerar dois circuitos distintos, os quais pretendemos que sejam acoplados indutivamente. No primeiro, visto na Figura 2(a), temos uma fonte de tensão alternada (V_p) e um indutor circular de núcleo de ar. No segundo, apresentado na Figura 2(b), temos um indutor circular de núcleo de ar e uma carga resistiva R_C. A princípio, consideramos que os dois circuitos são distintos e completamente independentes. Contudo, conforme Figura 3, suponha que os circuitos possam ser aproximados e que se estabeleça algum acoplamento magnético entre eles. Nesse caso, a fonte V_p, presente no circuito primário, passará a fornecer energia ao segundo circuito, denominado secundário. Até aqui, levando em conta os princípios físicos que regem o eletromagnetismo, nada é novidade.

Figura 2

Circuitos distanciados e sem qualquer acoplamento magnético

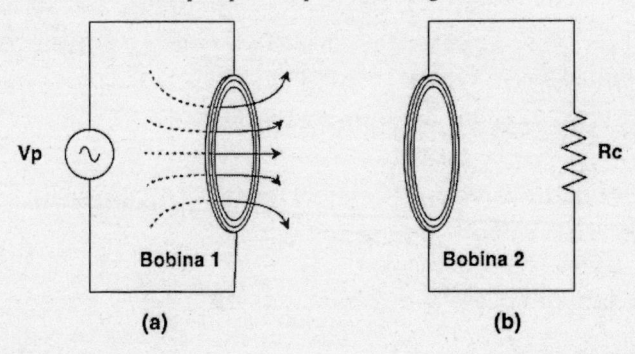

Nota. Elaborada pelo autor.

Figura 3

Arranjo com bobinas próximas

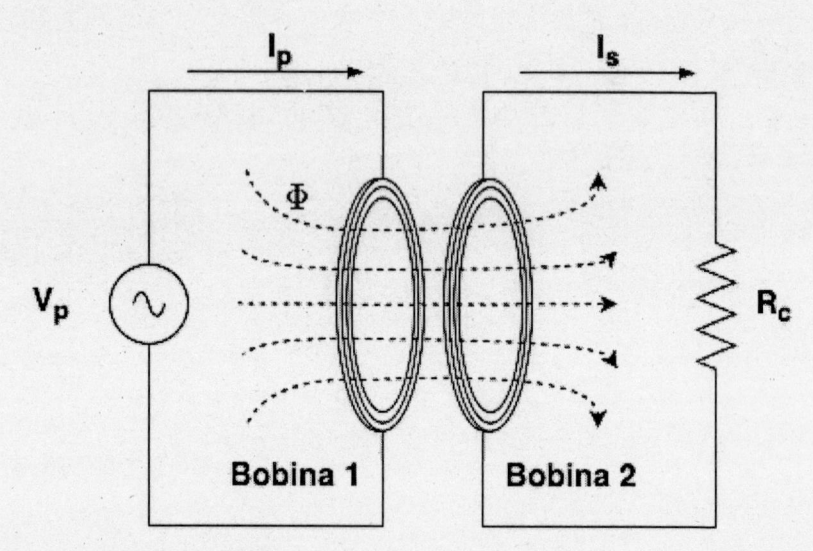

Nota. Elaborada pelo autor.

Para darmos prosseguimento à nossa análise, temos que deixar claro que a forma de acoplamento magnético entre os dois circuitos se deu através do ar, não havendo nenhum meio ferromagnético para direcionar o fluxo entre as bobinas. Portanto, é de se esperar que haja considerável dispersão de fluxo, ao passo que, dependendo da distância ou do alinhamento entre as bobinas, o fluxo mútuo é muito inferior ao fluxo disperso. Por essa razão, circuitos com essa característica são chamados de fracamente acoplados e podem ser considerados inviáveis de implementação.

2.1 Modelagem matemática de circuitos fracamente acoplados e sem compensação

A fim de entendermos melhor como se dá o acoplamento magnético entre as bobinas, vamos considerar o circuito modelado conforme Figura 4. A primeira grandeza a ser definida é o fator de acoplamento, que chamaremos de k. Como o próprio nome diz, k indicará o quanto de acoplamento magnético existe entre os circuitos transmissor e receptor, podendo, teoricamente, variar entre 0 e 1. O valor nulo para k indica que não há acoplamento algum, ou seja, os circuitos estão muito distantes — ou totalmente desalinhados — a ponto de não haver linhas de campo comuns às bobinas. Por outro lado, o fator de acoplamento unitário só seria alcançado se não houvesse dispersão alguma, o que significa que todas as linhas de campo são comuns às duas bobinas.

Figura 4

Circuito em análise

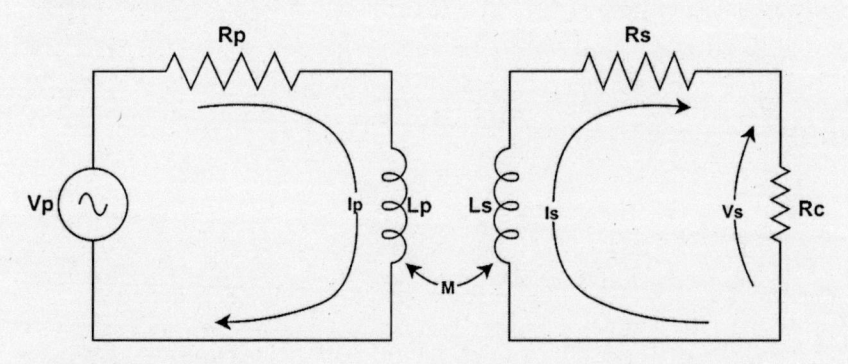

Nota. Elaborada pelo autor.

A fim de avaliarmos o comportamento do circuito exemplificado na Figura 4, é importante termos em mente o modelo elétrico de cada bobina. Fisicamente, podemos modelar as bobinas compostas por uma autoindutância, denominada L, e uma resistência de perdas, denominada R. Os índices P e s são utilizados, respectivamente, para representarem elementos do primário e do secundário. Caso as bobinas estejam distantes entre si, ou seja, com o fator de acoplamento nulo, o modelo está concluído e se resume a dois circuitos distintos que não interagem entre si. Contudo, o fato de estarem próximas a ponto de compartilharem linhas de fluxo faz surgir um novo elemento no circuito que denominaremos indutância mútua M. Por meio da indutância mútua que haverá acoplamento entre o transmissor e o receptor. Em (1), podemos identificar como se calcula M.

$$M = k\sqrt{L_p L_s} \, . \tag{1}$$

Considerando que as bobinas primária e secundária possuem características construtivas similares, e sabendo que as indutâncias são proporcionais ao quadrado do número de espiras, pode-se definir a relação entre L_p e L_s conforme (2). Ainda em relação a (2), é também importante informar que n pode ser expresso como a relação entre o número de espiras das bobinas (3).

$$n = \sqrt{\frac{L_s}{L_p}} \tag{2}$$

$$n = \frac{n_s}{n_p} \tag{3}$$

Evoluindo com a análise matemática, utilizaremos o modelo T para representar o circuito da Figura 4. Fisicamente, teremos que modelar as indutâncias de dispersão L_p^d e L_s^d, as resistências de perdas R_p^p e R_s^p e a indutância de magnetização L_m. A Figura 5 apresenta a disposição dos elementos no circuito, sendo que todas as grandezas devem estar referenciadas ao primário, calculadas conforme (4) a (9).

Figura 5.

Modelo T representando o circuito com acoplamento indutivo

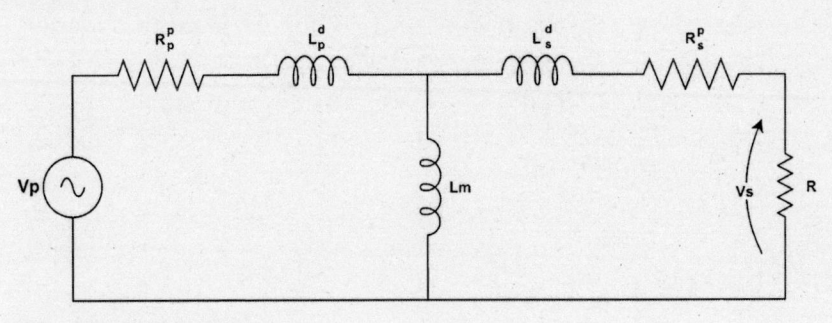

Nota. Elaborada pelo autor.

$$L_p^d = (1-k) L_p \tag{4}$$

$$L_s^d = (1-k)\frac{L_s}{n^2} \tag{5}$$

$$R_p^p = R_p \tag{6}$$

$$R_s^p = \frac{R_s}{n^2} \tag{7}$$

$$R = \frac{R_c}{n^2} \tag{8}$$

$$L_m = \frac{M}{n} \tag{9}$$

Antes de prosseguirmos com as deduções matemáticas, vamos dar atenção às relações matemáticas expressas em (5) e (9). Substituindo (2) em (5), observa-se em (10) que L_s^d assume o mesmo valor de L_p^d. Outra simplificação relevante está associada ao cálculo de L_m. Levando em conta (1), observa-se que a indutância mútua depende de L_s, sendo assim, para o modelo proposto, M também deverá ser contabilizada considerando todas as grandezas representadas no lado primário. Portanto, de acordo com (11), L_m pode ser expressa dependendo exclusivamente do fator de acoplamento e da indutância L_p.

$$L_s^d = \left(1 - k\right)L_p \tag{10}$$

$$L_m = kL_p \tag{11}$$

2.2 Cálculo da impedância equivalente vista pela fonte de entrada

A definição dos elementos que compõem o circuito equivalente nos permite avançar na síntese da impedância vista pela fonte de entrada. Deduzir essa grandeza será fundamental para averiguarmos as limitações da transferência sem fio e como podemos superá-las. Dado que V_p corresponde a uma fonte de tensão alternada, consideraremos ω_0 como sendo sua frequência de oscilação, medida em rad/s. Sendo assim, o circuito da Figura 5 pode ser redesenhado tendo como elementos as impedâncias que o compõem.

Figura 6

Modelo do circuito tendo impedâncias como elementos

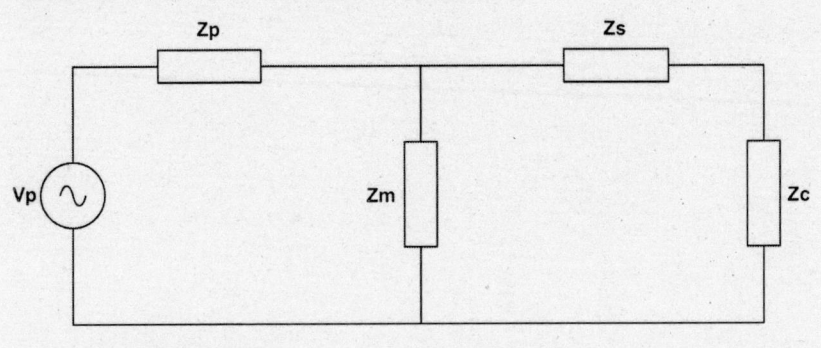

Nota. Elaborada pelo autor.

Com base na Figura 6, podemos associar as impedâncias para se obter a resistência equivalente $\overrightarrow{Z_{eq}}$ (12). Substituindo-se as reatâncias e as resistências em suas respectivas impedâncias, após algumas manipulações algébricas, resulta-se em $\overrightarrow{Z_{eq}}$ conforme (13).

$$\overrightarrow{Z_{eq}} = \overrightarrow{Z_p} + \frac{\left(\overrightarrow{Z_s} + \overrightarrow{Z_c}\right)\overrightarrow{Z_m}}{\overrightarrow{Z_s} + \overrightarrow{Z_c} + \overrightarrow{Z_m}} \tag{12}$$

$$\overrightarrow{Z_{eq}} = R_p + j\omega_0 L_p + \frac{M^2 \omega_0^2}{j\omega_0 L_s + R_s + R_c} \tag{13}$$

2.3 Cálculo das grandezas do circuito

O comportamento de $\overrightarrow{Z_{eq}}$ em função de ω_0 (13) traz informações relevantes para a avaliação de outras grandezas do circuito. Tendo-se a impedância equivalente vista por $\overrightarrow{V_p}$, a corrente de entrada $\overrightarrow{I_p}$ pode ser facilmente calculada conforme (14). Consequentemente, com base no circuito da Figura 5, a corrente do secundário pode ser obtida a partir de um divisor de corrente (15). Finalmente, de posse das correntes primária e secundária, as potências na entrada (16) e na saída (17) podem ser calculadas, assim como o fator de potência (18) e o rendimento (19) do sistema.

$$\overrightarrow{Z_{eq}} = R_p + j\omega_0 L_p + \frac{M^2 \omega_0^2}{j\omega_0 L_s + R_s + R_c} \tag{13}$$

$$\overline{I}_p = \frac{\overline{V}_p}{\overline{Z}_{eq}} \tag{14}$$

$$\overline{I}_s = \overline{I}_p \frac{jM\omega_0}{\overline{Z}_s + \overline{Z}_c} \tag{15}$$

$$P_{in} = \mathrm{R}\left(\overline{V}_p \times \overline{I}_p\right) \tag{16}$$

$$P_{out} = R_c \left|\overline{I}_s\right|^2 \tag{17}$$

$$FP = \frac{P_{in}}{\left|\overline{V}_p\right|\left|\overline{I}_p\right|} \tag{18}$$

$$\eta = \frac{P_{out}}{P_{in}} \tag{19}$$

Para procedermos as análises, vamos considerar um circuito hipotético cujos parâmetros estão apresentados na Tabela 1. A Figura 7 contém o comportamento de algumas grandezas do circuito em função da frequência. Num intervalo de 400 Hz a 40 kHz, é possível observar que $\left|\overrightarrow{Z_{eq}}\right|$ (Figura 7(a)) tende a crescer significativamente e, por consequência, a corrente de entrada tende a diminuir. A Figura 7(b), que apresenta o ângulo de $\overrightarrow{Z_{eq}}$, deixa evidente que à medida que a frequência aumenta, $\overrightarrow{Z_{eq}}$ se torna predominantemente indutiva, resultando em redução significativa do fator de potência. Contudo, o mais interessante é observar que a transferência de potência ativa (Figura 7(c)) tende a reduzir ao passo que o rendimento (Figura 7(d)) tende a aumentar.

Tabela 1

Parâmetros do circuito em estudo

Parâmetros	Valor
Indutância da bobina primária - L_p	100 μH
Indutância da bobina secundária - L_s	100 μH
Resistência da bobina primária - R_p	0,1 Ω
Resistência da bobina secundária - R_s	0,1 Ω
Resistência de carga - R_c	12 Ω
Tensão de entrada - V_p	100 V
Fator de acoplamento - k	0,25

Nota. Elaborada pelo autor.

Figura 7

Comportamento dos parâmetros elétricos para sistema indutivo fracamente acoplado e sem compensação

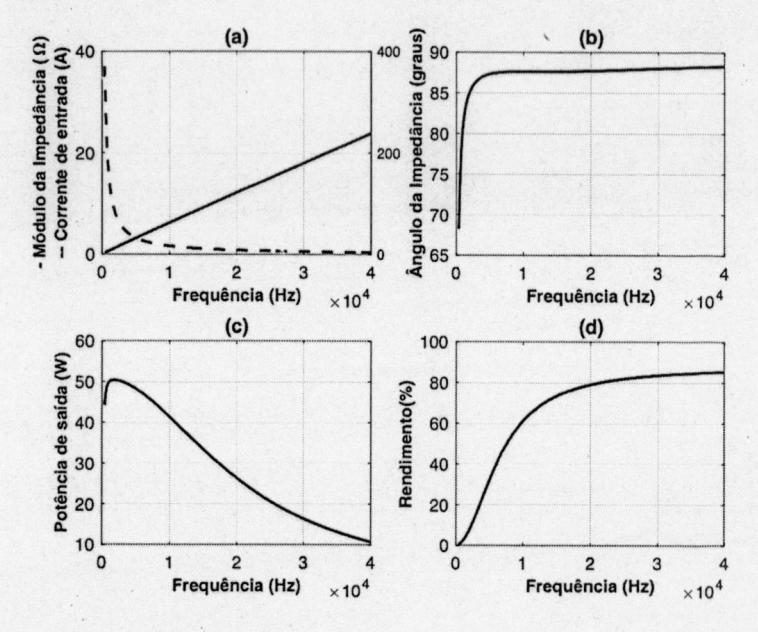

Nota. Elaborada pelo autor.

2.4 Proposta de compensação no secundário

Retomando (13), observa-se que $\overrightarrow{Z_{eq}}$ é composta pela impedância da bobina primária $\left(\overrightarrow{Z_p}\right)$ e pela impedância refletida $\left(\overrightarrow{Z_r}\right)$ do secundário, respectivamente apresentadas em (20) e (21). Na tentativa de melhoria do rendimento, vamos propor que o fator de potência no secundário seja unitário, ou seja, vamos eliminar todo conteúdo imaginário da impedância refletida. Neste caso, a impedância equivalente $\left(\overrightarrow{Z}_{eq}^{\beta}\right)$ será representada por (22).

$$\overrightarrow{Z_p} = R_p + j\omega_0 L_p \tag{20}$$

$$\overrightarrow{Z_r} = \left(\frac{M^2 \omega_0^2}{j\omega_0 L_s + R_s + R_c} \right) \tag{21}$$

$$\vec{Z}_{eq}^{\beta} = R_p + j\omega_0 L_p + \frac{M^2 \omega_0^2}{R_s + R_c} \tag{22}$$

Figura 8

Comportamento dos parâmetros elétricos para sistema indutivo fracamente acoplado e com compensação no secundário

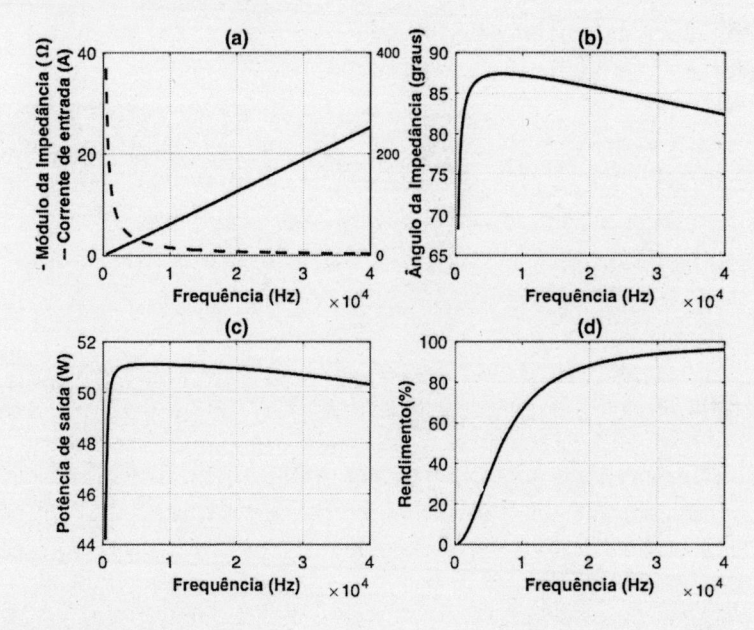

Nota. Elaborada pelo autor.

A partir da Figura 8, podemos tirar importantes conclusões. Primeiramente, conforme (15), a não existência da reatância indutiva no secundário permitirá maior circulação de corrente e, consequentemente, maior potência transferida. O fato do secundário ser estritamente resistivo, também traz a vantagem de toda a corrente circulante ser associada à potência ativa (Figura 8(c)), elevando consideravelmente o rendimento (Figura 8(d)). Outro ponto relevante, consiste em observar que (22) tende a ser mais resistiva à medida que a frequência aumenta. Ou seja, para maiores frequências, a impedância $\left(\vec{Z}_{eq}^{\beta} \right)$ tende a crescer (Figura 8(a)), porém, sua parcela real tende a se tornar cada vez mais significativa, reduzindo o ângulo de $\left(\vec{Z}_{eq}^{\beta} \right)$ e, tendo como consequência a melhoria do fator de potência global.

Muito embora a Figura 8 demonstre que a compensação no secundário não trouxe grandes modificações no comportamento da impedância e da corrente de entrada, é importante destacar que a transferência de potência ativa (Figura 8(c)) teve aumento considerável. Contudo, como a impedância vista pela fonte tende a aumentar substancialmente com o aumento da frequência e, neste caso, tendo o efeito indutivo no primário como um agravante, a potência de saída será prejudicada à medida que a frequência aumentar. Portanto, vamos proceder com a compensação também no primário, levando o fator de potência visto pela fonte ao valor unitário.

2.5 Proposta de compensação tanto no primário quanto no secundário

Considerando que toda parcela indutiva que ainda resta em (22) será compensada, a impedância vista pela fonte $\left(\overline{Z}_{eq}^{\gamma} \right)$ será descrita conforme (23). Verifica-se que $\overline{Z}_{eq}^{\gamma}$ passou a ser composta exclusivamente por parcelas resistivas, o que nos leva a um fator de potência unitário, porém, cientes que $\overline{Z}_{eq}^{\gamma}$ tende a crescer com o aumento da frequência, o que, certamente, interferirá na potência transferida.

$$\overline{Z}_{eq}^{\gamma} = R_p + \frac{M^2 \omega_0^2}{R_s + R_c} \tag{23}$$

A Figura 9(a) nos permite observar que a impedância de entrada teve redução considerável em seu módulo, consequentemente, maiores correntes são esperadas na entrada do circuito. A Figura 9(b) confirma que o ângulo de $\overline{Z}_{eq}^{\gamma}$ se anulou, ou seja, temos um sistema completamente compensado cujo fator de potência é unitário. Um ponto muito importante da análise está na Figura 9(c), na qual se observa que em 7 kHz ocorre a máxima transferência de potência, afinal, a condição apresentada em (24) é satisfeita nessa frequência. Erroneamente, o leitor poderia ser induzido a pensar que o ponto de máxima transferência de potência é o ponto que procuramos atingir com a compensação, quando, na verdade, nossa intenção é obter um sistema de transferência de energia que apresente bom rendimento. No ponto de máxima transferência de potência, o rendimento do sistema é menor que 50% (Figura 9(d)), ou seja, mais da metade da energia se dissipa nas resistências do circuito.

$$R_p = \frac{M^2 \omega_0^2}{R_s + R_c} \tag{24}$$

Figura 9

Comportamento dos parâmetros elétricos para sistema indutivo fracamente acoplado com compensação no primário e no secundário

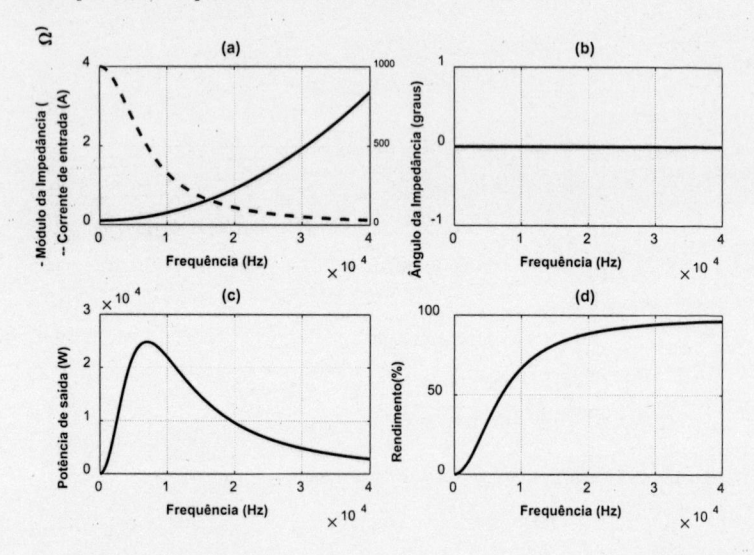

Nota. Elaborada pelo autor.

Contudo, o rendimento parece não ser um problema para as altas frequências. Inspecionando-se a curva apresentada na Figura 9(d), fica evidente que para a frequência de 20 kHz o rendimento já está próximo a 90%. Com uma inspeção ainda mais minuciosa, vamos observar os mesmos gráficos, porém, sendo analisados entre 20 kHz e 40 kHz.

De acordo com a Figura 10, para o intervalo de frequência considerado, além do rendimento satisfatório (Figura 10(d)), bons níveis de transferência de potência também foram alcançados. Em 20 kHz, quase 10 kW são transferidos para a carga com rendimento superior a 88%. Em 40 kHz, cerca de 3 kW são transferidos para a carga com rendimento superior a 96%.

2.6 Conclusões do capítulo

Neste capítulo, alguns pontos relevantes devem ser relembrados. O leitor observou que, desde que as reatâncias sejam compensadas, a transferência de energia por meio de acoplamento indutivo fraco torna-se viável. Ficou evidente que, mesmo com a compensação, a potência transferida é dependente da frequência de ressonância e que, numa transferência sem fio, não buscamos o ponto de máxima transferência de potência, afinal, operaríamos com baixo rendimento e inviabilizaríamos todo o processo. Vale ressaltar que o estudo apresentado neste capítulo considerou o sistema compensado para toda faixa de frequência analisada e que na impedância refletida no primário a parte imaginária estava sempre cancelada.

No próximo capítulo, daremos início às topologias clássicas de compensação. O leitor observará que usaremos a mesma metodologia seguida até aqui, contudo, a partir de variações topológicas de compensação, as análises serão enriquecidas com vantagens e desvantagens de cada topologia. Outro fato relevante é que as análises serão efetuadas considerando um ponto de operação cujas compensações serão projetadas para este ponto. Ou seja, para frequências e fatores de acoplamento diferentes daqueles definidos em projeto, a compensação será prejudicada, tirando o circuito do ponto de ressonância, podendo conduzi-lo a um comportamento indesejável e em alguns casos até catastrófico.

Figura 10

Comportamento dos parâmetros elétricos para sistema compensado. Análise para frequências de 20 kHz *a* 40 kHz

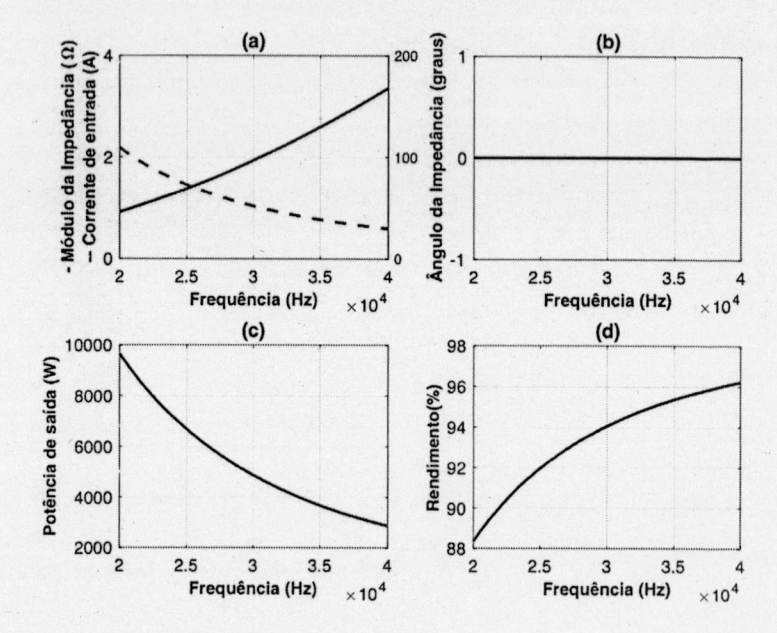

Nota. Elaborada pelo autor.

Capítulo 3

COMPENSAÇÃO SÉRIE - SÉRIE (SS)

A compensação SS se resume em inserir elementos capacitivos em série com as bobinas. Na Figura 11, observamos que toda a corrente de entrada circulará pelo elemento de compensação do primário (C_p) e toda a corrente da carga circula pelo elemento de compensação do secundário (C_s). Embora, para efeito de análise de circuitos, ter a totalidade das correntes circulando pelos elementos capacitivos não seja um agravante, sob o ponto de vista prático é um fator limitante.

Figura 11

Circuito representando a compensação SS

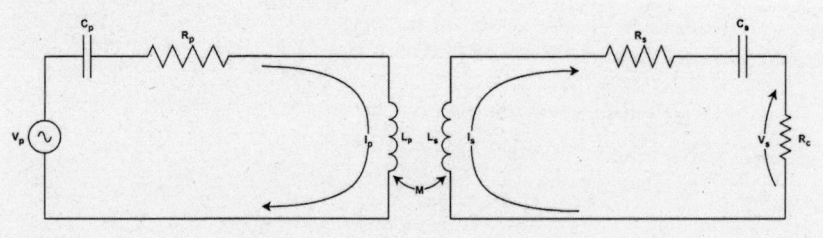

Nota. Elaborada pelo autor.

3.1 Cálculo da impedância equivalente vista pela fonte de entrada

Em comparação com a análise efetuada na seção 2.2, temos dois novos elementos no circuito para a compensação SS. Logo, a equação que determina a impedância vista pela fonte é agora representada conforme). A observação de $\overrightarrow{Z_{eq}}$ nos permite chegar a algumas conclusões importantes. A primeira é que, para a frequência de operação escoida $\left(\omega_0\right)$, será possível selecionar elementos de compensação que anularão toda a parte imaginária de), restando, unicamente, a parcela resistiva de $\overrightarrow{Z_{eq}}$. Outro fato a ser considerado é que, uma vez escolhidos C_p e C_s, a compensação deixará de ser completa para frequências diferentes da frequência de operação. Apesar de parecer algo irrelevante, conhecer o comportamento do circuito mediante variações na frequência é fundamental, afinal, na prática, selecionar elementos cujas capacitâncias sejam precisamente idênticas às calculadas é um desafio e tanto. Ainda com referência a), uma importante informação a ser abstraída refere-se à interferência do fator de acoplamento no cálculo de $\overrightarrow{Z_{eq}}$. Um sistema de transferência sem fio está sujeito a oscilações constantes em k. Desalinhamentos e variações no distanciamento entre as bobinas são comuns, inclusive, podendo haver a remoção completa do secundário durante a operação do circuito. Contudo, muito embora seja evidente que k interfira em $\overrightarrow{Z_{eq}}$, mudanças no seu valor não comprometerão a compensação, afinal, a indutância mútua não contribui para a reflexão de parcelas reativas no primário.

$$\overrightarrow{Z_{eq}} = \left(R_p + j\omega_0 L_p + \frac{1}{j\omega_0 C_p} \right) + \left(\frac{M^2 \omega_0^2}{j\omega_0 L_s + \dfrac{1}{j\omega_0 C_s} + R_s + R_c} \right) \tag{25}$$

3.2 Cálculo dos compensadores para a topologia SS

De forma análoga à apresentada na seção 2.4, a segunda parcela de (25) corresponde à impedância do secundário refletida ao primário. Porém, após manipulações algébricas, $\overrightarrow{Z_{eq}}$ pode ser reescrita conforme (26). A compensação do secundário se dá por meio da ressonância existente entre L_s e C_s, situação em que a reatância indutiva será anulada pela reatância capacitiva. Essa situação será obtida para a frequência de ressonância desde que a capacitância secundária seja calculada conforme (27).

$$\overline{Z_{eq}} = \left(R_p + j\omega_0 L_p + \frac{1}{j\omega_0 C_p} \right) + \left(\frac{M^2 \omega_0^2 \left(R_s + R_c \right)}{\left(R_s + R_c \right)^2 + \left(\omega_0 L_s - \frac{1}{\omega_0 C_s} \right)^2} - j \frac{\left(\omega_0 L_s - \frac{1}{\omega_0 C_s} \right) M^2 \omega_0^2}{\left(R_s + R_c \right)^2 + \left(\omega_0 L_s - \frac{1}{\omega_0 C_s} \right)^2} \right) \quad (26)$$

$$C_s = \frac{1}{L_s \omega_0^2} \quad (27)$$

Aplicando-se (27) em (26), podemos concluir que, uma vez compensado, o secundário não contribuirá com parcela imaginária para $\overline{Z_{eq}}$. Sendo assim, a impedância equivalente poderá ser representada conforme (28).

$$\overline{Z_{eq}} = R_p + \frac{M^2 \omega_0^2}{R_s + R_c} + j \left(\omega_0 L_p - \frac{1}{\omega_0 C_p} \right) \quad (28)$$

A parcela reativa restante em (28) está exclusivamente associada a L_p, logo, sua compensação depende da ressonância direta com C_p (29).

$$C_p = \frac{1}{L_p \omega_0^2} \quad (29)$$

Para a topologia SS devidamente compensada, $\overline{Z_{eq}}$ se reduzirá a uma parcela puramente resistiva, conforme se observa em (30).

$$\overrightarrow{Z_{eq}} = R_p + \frac{M^2 \omega_0^2}{R_s + R_c} \tag{30}$$

3.3 Cálculo do rendimento

Dado que os circuitos primário e secundário apresentam elementos dissipativos, modelados por R_p e R_s, respectivamente, a equação básica de rendimento poderá ser obtida conforme (31). Dividindo-se o numerador e o denominador de (31) por I_s^2, obtém-se (32).

$$\eta = \frac{R_c I_s^2}{R_p I_p^2 + R_s I_s^2 + R_c I_s^2} \tag{31}$$

$$\eta = \frac{R_c}{R_p \left(\dfrac{I_p}{I_s} \right)^2 + R_s + R_c} \tag{32}$$

Conforme visto em (15), as correntes primária e secundária podem ser colocadas em função uma da outra. Essa manipulação matemática evoluiu (32) para que o rendimento seja obtido exclusivamente pelos parâmetros do circuito. Levando-se em consideração que o circuito secundário já esteja devidamente compensado e que, para o cálculo de rendimento, dependemos somente dos módulos das correntes, (15) pode ser reajustada conforme (33).

$$\frac{I_p}{I_s} = \frac{R_s + R_c}{M \omega_0} \tag{33}$$

Substituindo-se (33) em (32), concluiu-se que o rendimento é dependente da frequência de ressonância (34).

$$\eta = \frac{R_c}{R_p \left(\dfrac{R_s + R_c}{M\omega_0} \right)^2 + R_s + R_c} \tag{34}$$

Analisando (34), caso a frequência de ressonância escolhida satisfaça a relação apresentada em (24), teremos o ponto de máxima transferência de potência. Esse ponto de operação nos leva a um rendimento muito baixo, ligeiramente inferior a 50%, uma vez que R_s tende a ser bem menor que R_c (35).

$$\eta = \frac{R_c}{2\left(R_s + R_c \right)} \tag{35}$$

Porém, para frequências maiores que aquela que satisfaz (24), o rendimento tenderá a melhorar, afinal, a parcela de (34) dependente da frequência se tornará desprezível. Para termos uma referência sobre a melhora do rendimento, considerando R_s muito inferior a R_c e supondo uma frequência de ressonância cinco vezes superior à frequência de máxima transferência de potência, teremos um rendimento resultante de aproximadamente 96%. Sendo assim, para frequências muito superiores, podemos assumir que a equação de rendimento é simplificada conforme (36).

$$\eta = \frac{R_c}{R_s + R_c} \tag{36}$$

3.4 Exemplo de compensação

A fim de analisarmos o comportamento da compensação SS, consideraremos os parâmetros apresentados na Tabela 1 e projetaremos a compensação para a frequência de ressonância de 100 kHz. A partir de (27) e (29), as capacitâncias calculadas para o primário e o secundário serão idênticas e valerão $25,33 \; \eta F$. É importante relembrarmos que, para aplicações práticas, é muito difícil obtermos capacitâncias e indutâncias com valores precisos. Ou seja, os desvios nos valores dos parâmetros do circuito conduzirão a uma frequência de ressonância diferente da considerada para o projeto. Portanto, analisar o comportamento do circuito frente a variações na frequência de operação passa a ser um item bastante importante sob o ponto de vista de estabilidade da operação.

Na Figura 12(a), podemos observar o comportamento da impedância vista pela fonte. De imediato, é possível detectar três pontos de ressonância, sendo, um deles, exatamente na frequência de 100 kHz. A Figura 12(c) deixa evidente que, por conta das múltiplas ressonâncias, a potência de saída tende a apresentar o fenômeno de bifurcação, sendo que, para a frequência de projeto, a potência de saída é de aproximadamente 480W, enquanto, nos picos de ressonância, a potência de saída ultrapassa 900W. Esse comportamento é preocupante, pois resulta em valores muito distintos do projetado e submete o sistema a esforços muito superiores aos previstos inicialmente.

Figura 12

Comportamento dos parâmetros elétricos mediante variação de frequência. Sistema projetado para compensação em $100\,kHz$, $L_p = L_s = 100$ *e* $V_p = 100$ V

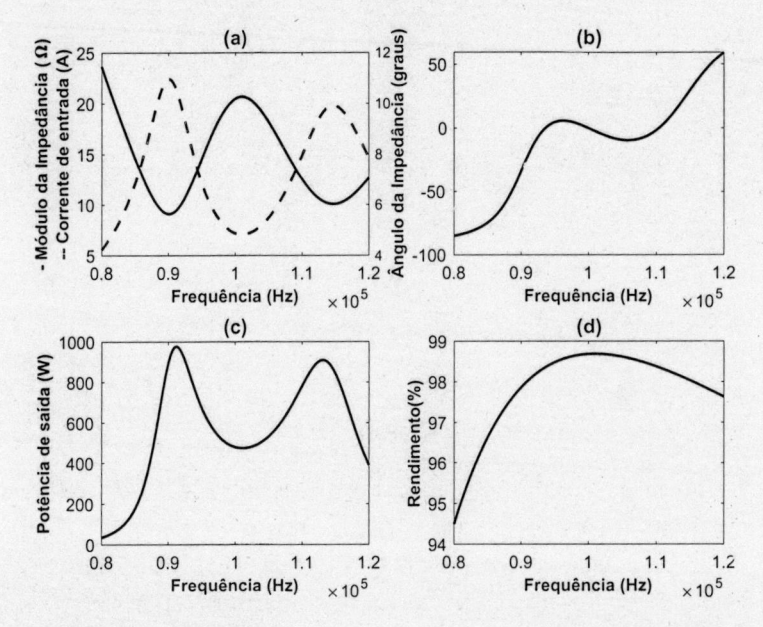

Nota. Elaborada pelo autor.

3.5 Análise da estabilidade do sistema de compensação SS

Basicamente, a estratégia de compensação adotada se resume em compensar toda a parte imaginária da impedância equivalente (26). Analisando a Figura 12(b), o fato de aparecerem três pontos ressonantes, cujos ângulos das respectivas impedâncias são nulos, confirma que a solução de compensação encontrou três soluções distintas para anular a parte imaginária. Podemos assim concluir que, para obtermos a estabilidade desejada, devemos garantir que a compensação do circuito resulte numa só frequência de ressonância.

Sendo assim, tomando como referência (26), vamos considerar a sua parte imaginária para procedermos com as análises. Contudo, substituiremos a variável ω_0 por ω, visto que ω_0 refere-se à frequência de ressonância específica para o projeto (37). Manipulando-se matematicamente (37), obtém-se (38).

$$\left(\overrightarrow{Z_{eq}}\right) = \omega L_p - \frac{1}{\omega C_p} - \frac{\left(\omega L_s - \dfrac{1}{\omega C_s}\right)M^2\omega^2}{\left(R_s + R_c\right)^2 + \left(\omega L_s - \dfrac{1}{\omega C_s}\right)^2} \tag{37}$$

$$\left(\overrightarrow{Z_{eq}}\right) = \frac{\left(\omega^2 L_p C_p - 1\right)\left[\left(R_s + R_c\right)^2 \omega^2 C_s^2 + \left(\omega^2 L_s C_s - 1\right)^2\right] - \left(\omega^2 L_s C_s - 1\right)M^2\omega^4 C_s C_p}{\omega C_p\left[\left(R_s + R_c\right)^2 \omega^2 C_s^2 + \left(\omega^2 L_s C_s - 1\right)^2\right]} \tag{38}$$

Alguns passos podem ser dados no sentido de identificarmos quais variáveis interferem diretamente no número e no posicionamento das raízes em (38). Primeiramente, vamos substituir M conforme definido em (1). Na sequência, é importante identificar em (38) que os termos $L_p C_p$ e $L_s C_s$, conforme (27) e (29), são constantes, e, correspondem a $\dfrac{1}{\omega_0^2}$. Finalmente, vamos assumir que a resistência de perdas do secundário $\left(R_s\right)$ pode ser desprezada por ser muito menor que a resistência de carga $\left(R_c\right)$. Portanto, conforme (39), fica evidente que o posicionamento das raízes será diretamente afetado por k, R_c e L_s.

$$\left(\overrightarrow{Z_{eq}}\right) = \frac{\left(\left(\dfrac{\omega}{\omega_0}\right)^2 - 1\right)\left[R_c^2 \dfrac{\omega^2}{L_s^2\omega_0^4} + \left(\left(\dfrac{\omega}{\omega_0}\right)^2 - 1\right)^2\right] - \left(\left(\dfrac{\omega}{\omega_0}\right)^2 - 1\right)k^2\left(\dfrac{\omega}{\omega_0}\right)^4}{\omega C_p\left[R_c^2 \dfrac{\omega^2}{L_s^2\omega_0^4} + \left(\left(\dfrac{\omega}{\omega_0}\right)^2 - 1\right)^2\right]} \tag{39}$$

A partir de (39), pode-se analisar graficamente o comportamento de $|\left(\overrightarrow{Z_{eq}}\right)$ mediante variações em k, R_c e L_s. Conforme Figura 13(a), com a redução de L_s, o número de raízes de (39) será reduzido a um, estando essa raiz posicionada na frequência de ressonância projetada. De acordo com a Figura 13(b), observa-se um comportamento semelhante em relação à redução do fator de acoplamento e, com vistas à resistência de carga, a Figura 13(c) deixa claro que a raiz única é obtida à medida que R_c cresce. Sendo assim, com base na Figura 13(a), vamos reavaliar o comportamento elétrico do circuito considerando $L_s = 10\mu H$. Optamos por reduzir R_s na mesma proporção da redução de L_s assumindo que, fisicamente, tais grandezas possuem proporcionalidade direta.

Figura 13

Comportamento de $|\left(\overrightarrow{Z_{eq}}\right)$. *para a topologia SS mediante variações em: (a)* L_s*; (b)* k *e (c)* R_c

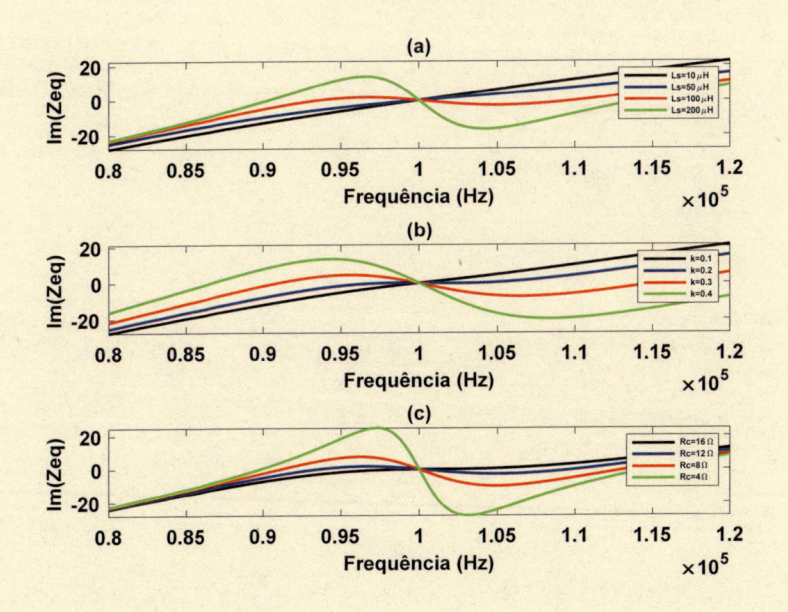

Nota. Elaborada pelo autor.

A Figura 14 traz um conjunto de gráficos que, em comparação com aquele apresentado na Figura 12, nos permite concluir que a bifurcação foi completamente removida. É válido destacar que, ao passo que a transferência de potência se tornou muito maior, o rendimento sofreu redução. Conforme se observa na Figura 14, desvios no ponto de ressonância não conduzirão a correntes ou potências maiores do que as projetadas para o ponto de ressonância, o que garante que o circuito estará limitado aos esforços nominais de projeto.

Figura 14

Comportamento dos parâmetros elétricos mediante variação da frequência. Sistema projetado para topologia SS, compensação em $100\,kHz$, $L_p = 100\,\mu H$, $L_s = 10\,\mu H$ *e* $V_p = 100V$

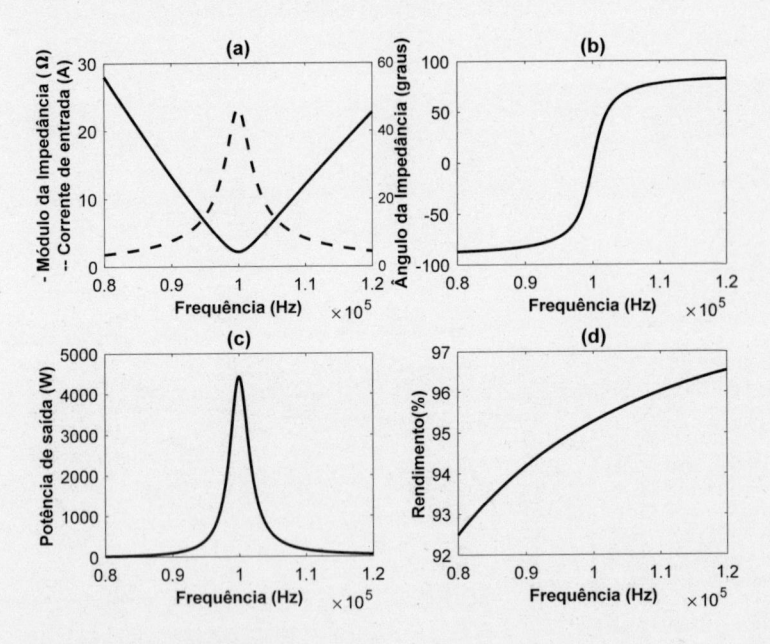

Nota. Elaborada pelo autor.

Um ponto de divergência entre a Figura 12 e a Figura 14 está no fato de a última apresentar uma potência transferida muito maior.

O leitor mais atento pode se perguntar se isso não seria um ponto de inviabilidade da remoção do efeito de bifurcação. Sim, seria, se não tivéssemos a liberdade de controlar a potência de saída por meio de uma variável que não comprometa a estabilidade do sistema e, neste caso, a variável de controle para garantir que a potência de saída seja a mesma da projetada inicialmente seria a tensão de entrada. Sendo assim, na Figura 15 podemos observar o comportamento dos parâmetros elétricos considerando que a tensão primária foi reduzida para 33 V. Observamos que a potência transferida (Figura 15(c)) na frequência de ressonância é praticamente idêntica à prevista na Figura 12. A corrente demandada ficou ligeiramente maior, pois a redução em L_s resultou na redução da indutância mútua, afetando o módulo de $\overrightarrow{Z_{eq}}$ (Figura 15(a)) e o rendimento do sistema (Figura 15(d)).

Figura 15

Comportamento dos parâmetros elétricos mediante variação de frequência. Sistema projetado para topologia SS, compensação em 100 kHz, L_p = 100 μH, L_s = 10 μH *e* V_p = 33 V

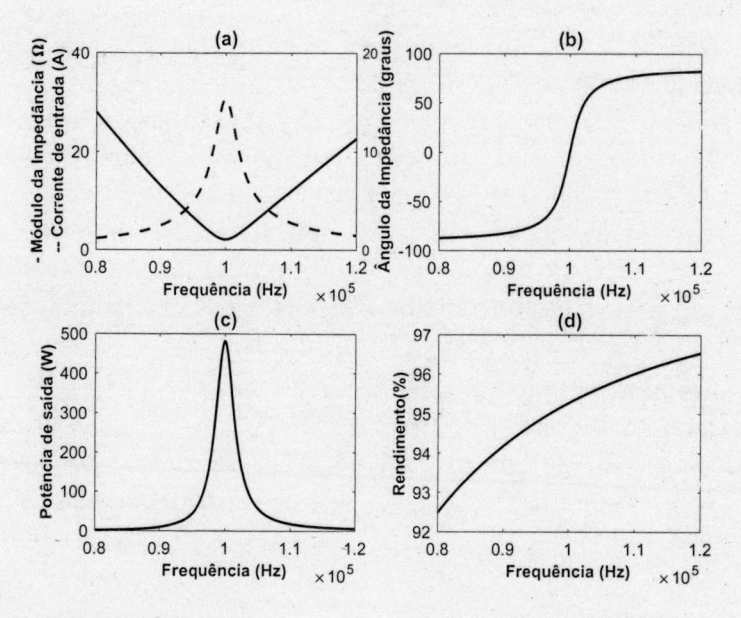

Nota. Elaborada pelo autor.

3.6 Análise do fator de acoplamento

Em aplicações práticas, variações na distância e no desalinhamento entre as bobinas são encaradas como algo comum. Não se trata especificamente de desvios ou imprecisões acidentais, mas do fato de que, nas mais diversas aplicações, a transferência de energia pode ser interrompida simplesmente pela remoção de um dos circuitos ou iniciada pela mera aproximação entre eles. É interessante analisar que a remoção de um dos circuitos representa, pelo menos de forma preliminar, a redução do fator de acoplamento a zero. Portanto, é sempre importante compreender como cada tipo de compensação se comporta mediante variações no fator de acoplamento, afinal, esse é um ponto decisivo para a escolha e para o grau de complexidade de sistemas de controle que venham ser necessários para a operação da planta.

Conforme Figura 16, tomando-se como referência os valores nominais de projeto, pode-se concluir que a redução do fator de acoplamento levou o sistema ao colapso. A elevação da corrente, a redução drástica do rendimento e o pico de potência de saída comprovam que a topologia SS não lida bem com reduções no fator de acoplamento. Isso não quer dizer que não seja uma topologia aplicável, contudo, torna-se essencial que sistemas de controle sejam devidamente projetados para garantir que o desacoplamento entre bobinas seja seguro. Por outro lado, a aproximação das bobinas, ou simplesmente o aumento de , não traz comprometimento físico aos circuitos, pois acaba por contribuir para a melhora do rendimento, muito embora reduza a potência transmitida.

Um outro ponto que nos chama a atenção na topologia SS é que o fator de acoplamento não compromete a compensação. Como é observado na Figura 16(b), a impedância equivalente se mantém sem parte imaginária, ou seja, com ângulo de fase nulo para todos os valores de k.

Figura 16

Comportamento dos parâmetros elétricos mediante variação no fator de acoplamento. Sistema projetado para topologia SS, compensação em 100 kHz, $L_p = 100$ µH, $L_s = 10$ µH *e* $V_p = 33$ V

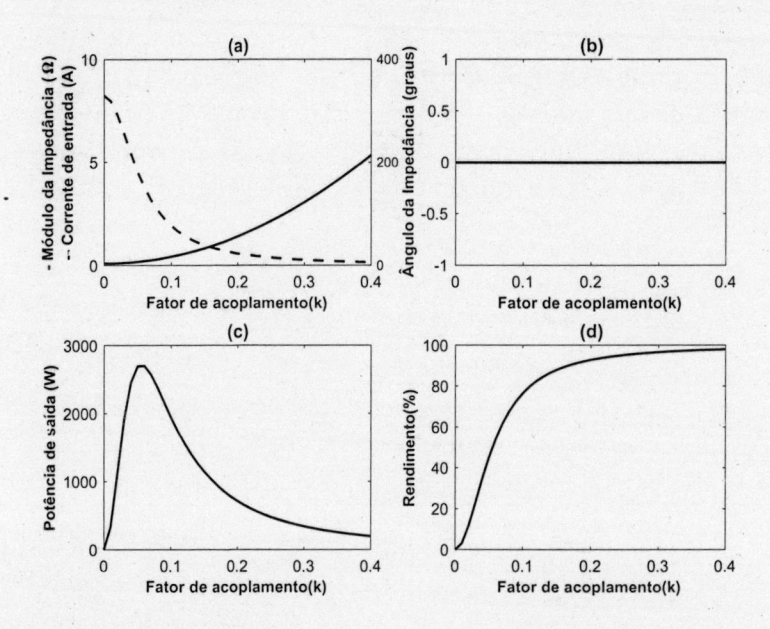

Nota. Elaborada pelo autor.

3.7 Metodologia de projeto para a topologia SS

Existem muitas maneiras de calcularmos os parâmetros para um projeto. Em nosso exemplo, vamos partir de uma carga que precisa ser alimentada com determinada tensão. A partir dessa exigência, os demais parâmetros do circuito serão obtidos.

A Tabela 2 contém as restrições impostas ao projeto. Observe que as indutâncias primária e secundária devem ser escolhidas dentro de uma faixa de valores supostamente aceitáveis do ponto de vista prático.

Para as diferentes combinações de L_p e L_s , a Figura 17 apresenta o comportamento da tensão de entrada (Figura 17(a)) e do rendimento (Figura 17(c)). Assumindo-se que V_p possa estar na faixa de 195 V a 205 V a Figura 17(b) apresenta os pares ordenados, L_p e L_s, que satisfazem a restrição imposta à tensão primária. Dentre as possibilidades para L_p e L_s, aquela que contém indutâncias iguais torna-se interessante sob o ponto de vista prático, resultando em compensadores idênticos na topologia SS. Observando a Figura 18, confirma-se que valor de $126\mu H$ satisfaz a condição de igualdade entre L_p e L_s, resultando numa tensão primária de aproximadamente 199 V, valor esse, muito próximo do estabelecido para V_p na Tabela 2.

Tabela 2

Dados para projeto da topologia SS

Parâmetros	Valor
Tensão secundária - V_s	100 V
Potência de saída - P_s	1000 W
Tensão primária - V_p	200 V
Faixa de indutância primária - L_p	$1H$ a 300 H
Faixa de indutância secundária - L_s	$1H$ a 300 H
Fator de acoplamento - k	$0,25$
Frequência de operação - f_0	100 kHz

Nota. Elaborada pelo autor.

Conforme Figura 17(c), o rendimento depende unicamente de L_s. Partindo-se da seleção anterior, ou seja, $L_s = 126\mu H$, o rendimento teórico será superior a 98% (Figura 17(d)). Mesmo que a indutância secundária selecionada não leve ao ponto de máximo rendimento ($L_s = 64\mu H$)), o desempenho alcançado é bastante satisfatório.

Figura 17

Avaliação da tensão de entrada (V_p) e do rendimento para seleção das indutâncias primária e secundária $(L_p$ e $L_s)$ da topologia SS

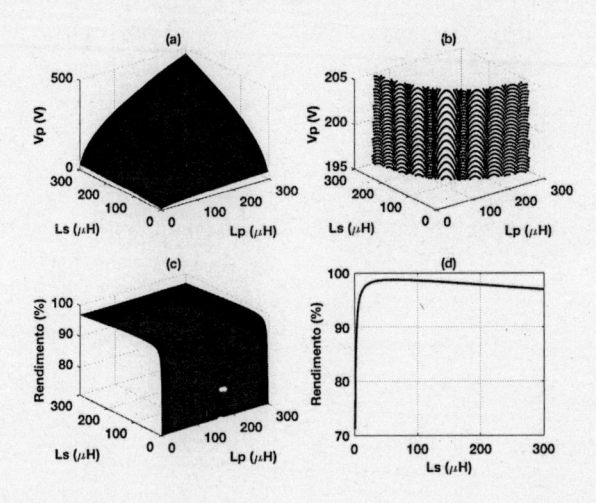

Nota. Elaborada pelo autor.

Figura 18

Pares ordenados $(L_p$ e $L_s)$ que satisfazem a tensão de entrada (V_p) entre 195 V e 205 V

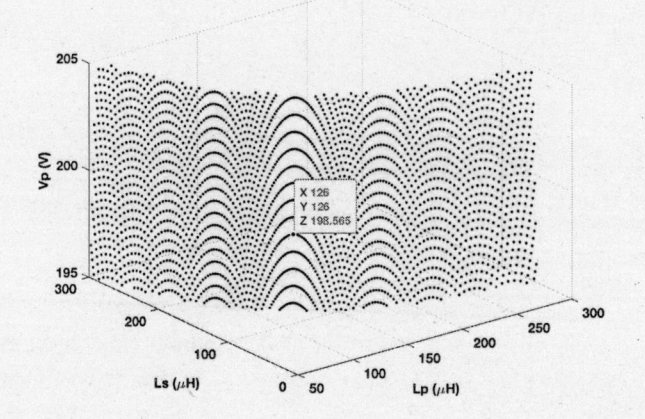

Nota. Elaborada pelo autor.

Para concluirmos a seleção de componentes, é necessário que as capacitâncias de compensação, C_p e C_s, sejam calculadas. Por meio de (27) e (29), obtém-se o valor de 20,1 ηF para C_p e C_s. De posse de todos os parâmetros do circuito, a Figura 19 nos permite avaliar o comportamento dos parâmetros elétricos mediante variações na frequência.

Figura 19

Comportamento dos parâmetros elétricos do sistema projetado. Compensação em 100 kHz, $L_p = 126\ \mu H$, $L_s = 126\ \mu H$ *e* $V_p = 199$ V

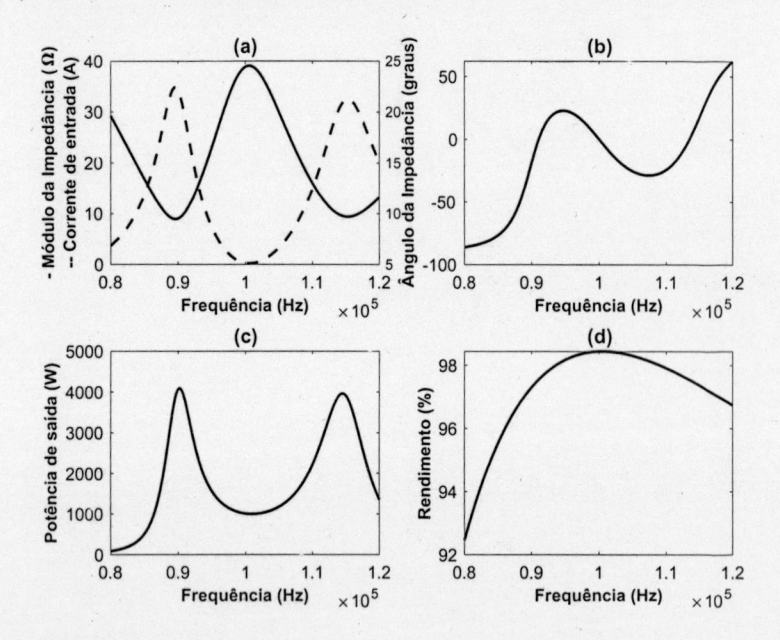

Nota. Elaborada pelo autor.

Como pode-se observar, para 100 kHz, transmite-se 1000 W para a carga, com corrente de entrada compensada, fator de potência unitário e rendimento superior a 98%. Contudo, fica evidente que o sistema está sujeito ao fenômeno de bifurcação, o que caracteriza instabilidade mediante variações paramétricas.

Para solucionar o fenômeno de bifurcação, a única variável interessante de ser ajustada é a indutância da bobina secundária, afinal, a carga a ser atendida e o fator de acoplamento são parâmetros que não podem ser alterados no projeto. Retomando-se a Figura 18 e considerando os limites impostos ao projeto, a mínima indutância secundária capaz de garantir a tensão de entrada próxima a $200\ V$, será de $54\ \mu H$ (Figura 20).

Figura 20

Par ordenado (L_p e L_s) *selecionado para minimizar bifurcação*

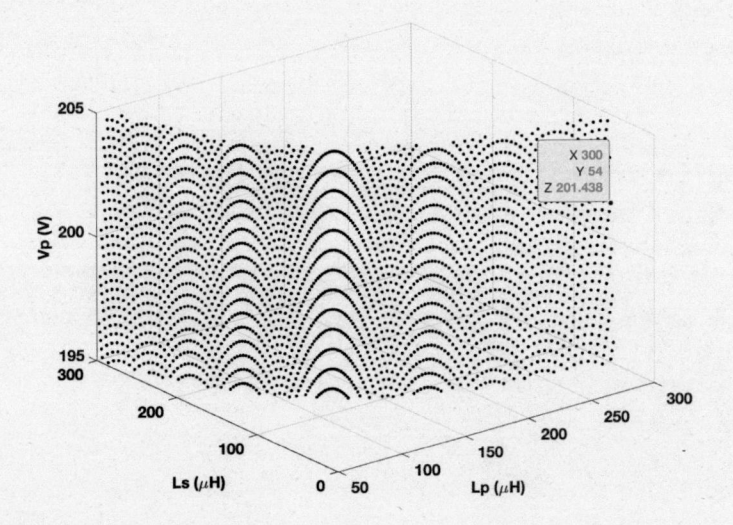

Nota. Elaborada pelo autor.

Contudo, para se operar com esse valor para L_s, o valor de L_p deverá ser de $300\ \mu H$. A fim de avaliar se as múltiplas ressonâncias foram removidas da planta, plota-se o comportamento da parte imaginária da impedância equivalente do sistema, $\Im\left(\overline{Z_{eq}}\right)$. Conforme Figura 21, observa-se que, para os novos parâmetros, a raiz da parte imaginária se tornou única e está devidamente posicionada em 100 kHz.

Após o reprojeto das indutâncias, avalia-se novamente o comportamento dos principais parâmetros elétricos do circuito. Conforme Figura 22, fica evidente que o fenômeno de bifurcação foi consideravelmente atenuado. A Figura 22(a) deixa claro que os valores de corrente fora da frequência de ressonância não comprometem a planta. A Figura 22(b) confirma que o ângulo da impedância equivalente é nulo somente para a frequência de 100 kHz, ratificando a presença de ressonância única. Na Figura 22(c) observa-se que os desvios na potência de saída não comprometem a planta e são aceitáveis sob o ponto de vista operacional. Finalmente, a Figura 22(d) apresenta o bom rendimento da planta em toda faixa de frequência, sendo que, no ponto de ressonância, o rendimento está próximo a 99%.

Figura 21

Comportamento de $\Im\left(\overrightarrow{Z_{eq}}\right)$ da planta em projeto mediante variações em L_s

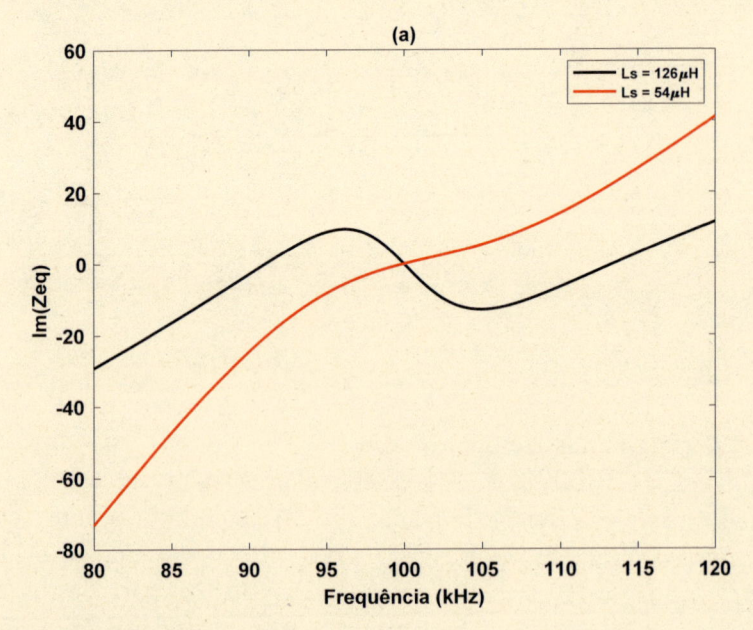

Nota. Elaborada pelo autor.

Figura 22

Comportamento dos parâmetros elétricos do sistema projetado. Compensação SS em 100 kHz, L_p = 300 μH, L_s = 54 μH *e* V_p = 200 V

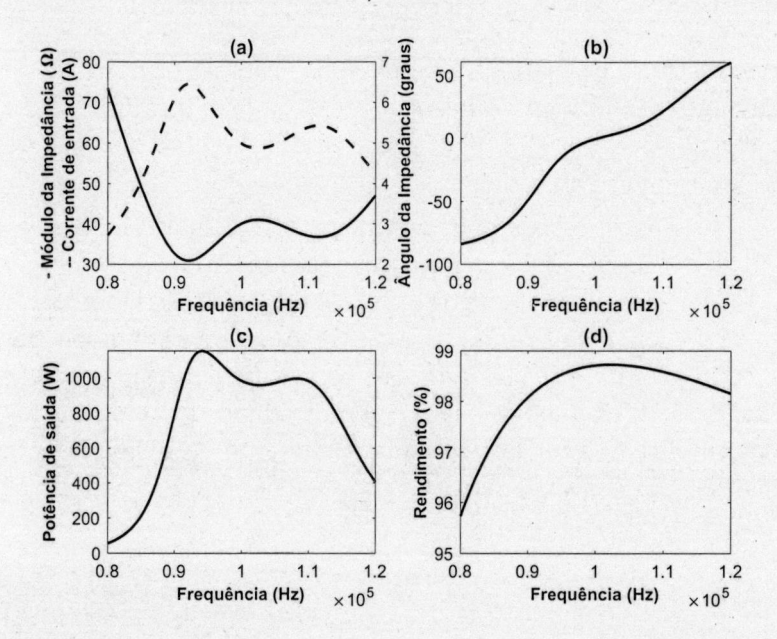

Nota. Elaborada pelo autor.

3.8 Conclusões do capítulo

A topologia SS apresenta algumas peculiaridades interessantes e que não podem ser deixadas de lado quando se planeja a utilização dela em aplicações práticas. Um dos pontos interessantes consiste no fato de, quando compensada, não refletir a parcela imaginária ao primário e não depender da indutância mútua para selecionar C_p. Logo, o dimensionamento da compensação primária se torna simples, o desempenho da compensação melhora e o fator de acoplamento não interfere no ponto de compensação. Por outro lado, a redução ou perda de acoplamento leva a instabilidade do sistema, elevando a transferência de potência a valores muito acima dos nominais ao passo que o rendimento é reduzido significativamente.

Outro ponto importante está relacionado a instabilidade frente à presença do fenômeno de bifurcação. Nessa condição, variações modestas na frequência de ressonância também conduzem a pontos de operação destrutivos, onde a potência transferida pode ser extremamente superior a potência nominal projetada. Se a presença de bifurcação conduz à instabilidade, é importante mencionar que, se projetado adequadamente para operar sem bifurcação, a topologia SS se torna muito estável.

Nos próximos capítulos, daremos continuidade ao estudo das topologias clássicas de ressonância para a transferência de energia sem fio em sistemas fracamente acoplados. A análise das topologias seguirá passos semelhantes aos apresentados para a topologia SS. Contudo, os diferentes arranjos de compensação resultarão em vantagens e desvantagens que precisam ser cuidadosamente estudadas durante a escolha ou estudo de uma topologia clássica para transferência de energia sem fio.

Capítulo 4

COMPENSAÇÃO SÉRIE-PARALELA (SP)

Neste capítulo, vamos analisar as características de um segundo arranjo de compensação que garante a efetividade da transferência de potência sem fio. Chamada de SP, a compensação Série-Paralela se resume em ter um compensador em série com a bobina primária e um compensador em paralelo com a bobina secundária. A Figura 23 representa o circuito dessa configuração.

Figura 23

Circuito representando a compensação SP

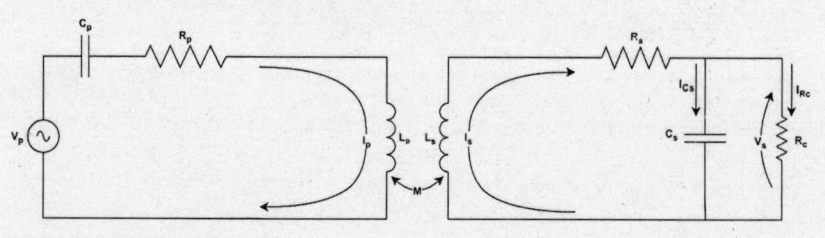

Nota. Elaborada pelo autor.

4.1 Cálculo da impedância equivalente vista pela fonte de entrada

A fim de procedermos com as análises da topologia SP, é fundamental encontrarmos a equação que descreva o comportamento da impedância equivalente vista pela fonte de entrada (40). Como se observa em (41), após a compensação do secundário, a topologia SP continua refletindo parte imaginária ao primário. Ou seja, a seleção de C_p ficará um pouco mais complexa, pois não se restringirá a compensar exclusivamente a indutância da bobina primária.

$$\overrightarrow{Z_{eq}} = \left(R_p + j\omega_0 L_p + \frac{1}{j\omega_0 C_p} \right) + \left(\frac{M^2\omega_0^2\left(j\omega_0 R_c C_s + 1 \right)}{\left(R_s + j\omega_0 L_s \right)\left(j\omega_0 R_c C_s + 1 \right) + R_c} \right) \quad (40)$$

$$\overrightarrow{Z_{eq}} = \left(R_p + j\omega_0 L_p + \frac{1}{j\omega_0 C_p} \right) + \left(\frac{M^2\omega_0^2 + j\omega_0 k^2 R_c L_p}{R_s + j\omega_0(L_s + R_s R_c C_s)} \right) \quad (41)$$

4.2 Cálculo dos compensadores para a topologia SP

O primeiro passo para a compensação consiste em calcular a capacitância do secundário conforme (27). Estando o secundário compensado, é importante reavaliar o comportamento de $\overrightarrow{Z_{eq}}$. Para facilitar o entendimento, vamos reescrever (41) deixando evidente as partes real e imaginária (42), contudo, salientando que o secundário já se encontra compensado.

$$\overrightarrow{Z_{eq}} = R_p + \frac{M^2\left(R_c + R_s \right) + M^2\omega_0^2 R_c^2 C_s^2 R_s}{\left(R_s R_c C_s + L_s \right)^2} + j\left(\omega_0 L_p - \frac{1}{\omega_0 C_p} + \frac{M^2\omega_0^3 L_s}{R_s^2 + \left(\omega_0 R_s R_c C_s + \omega_0 L_s \right)^2} \right) \quad (42)$$

Conforme se observa em (42), mesmo após compensada, a topologia SP reflete parte imaginária ao primário. Sendo assim, C_p será calculado de forma a compensar toda parte imaginária de (41), o que leva à condição apresentada em (43). Se considerarmos R_s desprezível, (43) pode ainda ser simplificada, resultando em (44).

$$C_p = \frac{R_s^2 + \left(\omega_0 R_s R_c C_s + \omega_0 L_s \right)^2}{\omega_0^2 L_p (R_s^2 + \left(\omega_0 R_s R_c C_s + \omega_0 L_s \right)^2) - M^2\omega_0^4 L_s} \quad (43)$$

$$C_p = \frac{L_s}{\omega_0^2 \left(L_p L_s - M^2 \right)} \tag{44}$$

4.3 Cálculo do rendimento para a topologia SP

De forma simples e intuitiva, sabe-se que o rendimento pode ser calculado conforme (45). Para a topologia SP, a corrente na bobina secundária $\left(\overrightarrow{I_s} \right)$ se relaciona com a corrente na carga $\left(\overrightarrow{I_{R_c}} \right)$ conforme (46) e (47). Portanto, substituindo-se (47) em (45), o rendimento passa a ser calculado de acordo com (48).

$$\eta = \frac{R_c I_{R_c}^2}{R_c I_{R_c}^2 + R_s I_s^2 + R_p I_p^2} \tag{45}$$

$$\overrightarrow{I_s} = \overrightarrow{I_{R_c}} \left(j R_c \omega_0 C_s + 1 \right) \tag{46}$$

$$I_s = I_{R_c} \left(\sqrt{\left(R_c \omega_0 C_s \right)^2 + 1} \right) \tag{47}$$

$$\eta = \frac{R_c}{R_c + R_s \left(\left(R_c \omega_0 C_s \right)^2 + 1 \right) + R_p \dfrac{I_p^2}{I_{R_c}^2}} \tag{48}$$

A corrente na bobina primária $(\overrightarrow{I_p})$ se relaciona com a corrente na carga $\left(\overrightarrow{I_{R_c}} \right)$ conforme (49) e (50). Portanto, se substituirmos (50) em (48), o resultado nos dará uma equação capaz de calcular o rendimento sem depender das correntes do circuito (51).

$$\frac{\overrightarrow{I_p}}{\overrightarrow{I_{R_c}}} = \frac{\left(R_s + jL_s\omega_0\right)\left(jR_c\omega_0 C_s + 1\right) + R_c}{jM\omega_0} \tag{49}$$

$$\frac{I_p}{I_{R_c}} = \frac{\sqrt{\left(R_s R_c \omega_0 C_s + L_s\omega_0\right)^2 + R_s^2}}{M\omega_0} \tag{50}$$

$$\eta = \frac{R_c}{R_c + R_s\left(\left(R_c\omega_0 C_s\right)^2 + 1\right) + R_p \dfrac{\left(R_s R_c \omega_0 C_s + L_s\omega_0\right)^2 + R_s^2}{\left(M\omega_0\right)^2}} \tag{51}$$

Se substituirmos (27) em (51), podemos obter o rendimento em função de L_s e não de C_s (52). Sob o ponto de vista de projeto, esse ajuste é interessante, pois, geralmente, o cálculo de C_s é consequência da seleção de L_s.

$$\eta = \frac{R_c}{R_c + R_s\left(\left(R_c\dfrac{1}{\omega_0 L_s}\right)^2 + 1\right) + R_p \dfrac{\left(R_s R_c \dfrac{1}{\omega_0 L_s} + L_s\omega_0\right)^2 + R_s^2}{\left(M\omega_0\right)^2}} \tag{52}$$

O termo $R_s R_p \dfrac{1}{\omega_0}$, presente em (52), pode ser desprezado, pois $\omega_0 \gg R_s$. Sendo assim, o rendimento passa a ser descrito conforme (53).

$$\eta = \frac{R_c}{R_c + R_s + \dfrac{R_p L_s^2}{\left(M\right)^2} + \dfrac{R_p R_s^2}{\left(M\omega_0\right)^2} + R_s \left(\dfrac{R_c}{\omega_0 L_s}\right)^2} \qquad (53)$$

Observa-se em (53) que a escolha da frequência de ressonância irá interferir no rendimento. Ou seja, a fim de se maximizar o rendimento, torna-se fundamental reduzir ao máximo os termos dependentes de ω_0, conforme condição apresentada em (54).

$$\omega_r \gg \sqrt{\frac{R_s R_c^2 M^2 + R_p R_s^2 L_s^2}{M^2 L_s^2}} \qquad (54)$$

4.4 Exemplo de compensação para a topologia SP

Exceto pela diferença no valor de R_c, utilizaremos os mesmos parâmetros apresentados na Tabela 1. O valor de $R_c = 320\ \Omega$ será adotado com o intuito de projetarmos um sistema cuja potência transferida seja similar à atingida para a topologia SS, analisada na seção 3.4. O cálculo dos compensadores também será realizado para a frequência de ressonância de $100\ kHz$. Sendo assim, a partir de (27) e (44), as capacitâncias de compensação para o secundário e primário serão, respectivamente, iguais a $25,33\ \eta F$ e $27,02\ \eta F$.

Na Figura 24, é possível observar que, similar à topologia SS, três pontos de ressonância estão explícitos (Figura 24(b)), um deles, exatamente na frequência de projeto ($\omega_0 = 100\ kHz$). O fenômeno de bifurcação é nítido, levando a corrente de entrada (Figura 24(a)) e a potência de saída (Figura 24(c)) a valores significativamente superior ao projetado para ω_0. Conforme comentado na seção 3.4, esse comportamento é indesejável, afinal, fica evidente que deslocamentos na frequência de ressonância levarão o sistema à instabilidade.

4.5 Análise da estabilidade do sistema de compensação SP

A fim de garantirmos que o sistema analisado na Figura 24 fique livre de bifurcação, o ângulo da impedância (Figura 24(b)) deve se anular num único ponto, sendo esse ponto a frequência de projeto $\omega_0 = 100$ *kHz*. Observando-se (40), fica evidente que, desconsiderando-se a capacitância secundária — representada em função da indutância secundária —, e desprezando-se a resistência secundária, por ter pouca influência no modelo, as demais variáveis, como a indutância secundária, o fator de acoplamento e a resistência de carga interferem diretamente na impedância refletida e, consequentemente, na parte imaginária equivalente. Ou seja, dependendo dos valores selecionados, o fenômeno de bifurcação pode ser reduzido ou eliminado, garantindo-se um único ponto de ressonância.

Figura 24

Comportamento dos parâmetros elétricos mediante variação de frequência. Sistema projetado para compensação SP em 100 kHz, $L_p = L_s = 100$ μH *e* $V_p = 100$ V

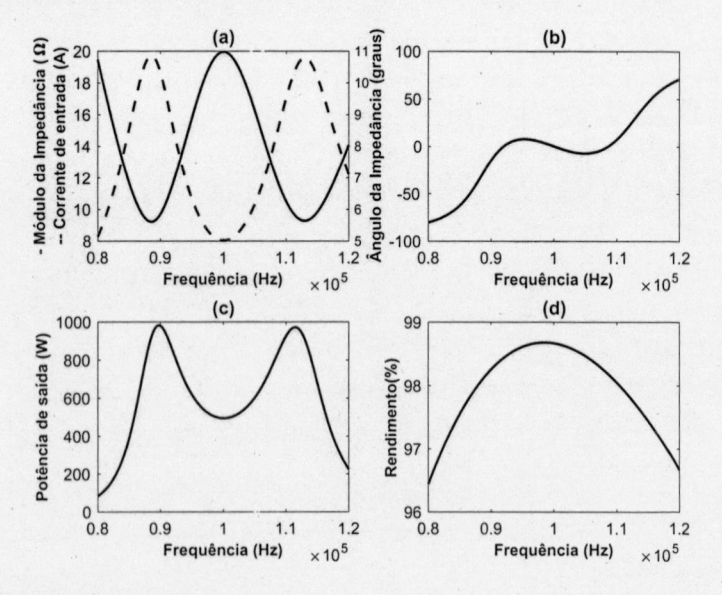

Nota. Elaborada pelo autor.

A Figura 25 apresenta o comportamento da parte imaginária de (40) em função das variações de L_s, k e R_c. Conforme Figura 25(a), com o aumento de L_s, o número de raízes da parte imaginária de (40) será reduzido a um, estando essa raiz posicionada na frequência de ressonância projetada (ω_0). De acordo com a Figura 25(b), observa-se comportamento semelhante em relação à redução do fator de acoplamento. Em relação à resistência de carga, a Figura 25(c) evidencia que a raiz única é obtida à medida que R_c diminui. Sendo assim, com base na Figura 25(a), vamos reavaliar o comportamento elétrico do circuito adotando $L_s = 200 \ \mu H$. Optamos por aumentar R_s respeitando a proporção do aumento de L_s, ou seja, $R_s = 0,2 \ \Omega$.

Como resultado da seleção da nova indutância secundária, a Figura 26, em comparação à Figura 24, deixa claro que a bifurcação foi removida. Contudo, observando-se a potência de saída (Figura 26(c)), observa-se que houve aumento desta para o ponto de ressonância. Sendo assim, uma forma rápida de ajustar a potência de saída, porém, sem prejudicar a estabilidade do sistema, seria reduzir a tensão de entrada. A Figura 27 apresenta o comportamento dos parâmetros elétricos do circuito após o ajuste de V_p.

Figura 25

Comportamento de $\Im\left(\overline{Z}_{eq}\right)$ para a topologia SP mediante variações em: (a) L_s; (b) k e (c) R_c

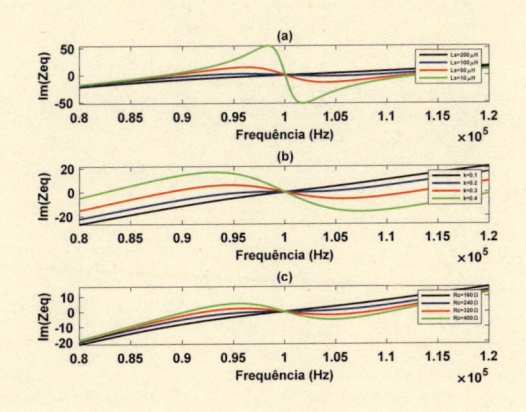

Nota. Elaborada pelo autor.

Figura 26

Comportamento dos parâmetros elétricos mediante variação da frequência. Sistema projetado para topologia SP, compensação em 100 kHz, $L_p = 100$ µH, $L_s = 200$ µH *e* $V_p = 100$ V

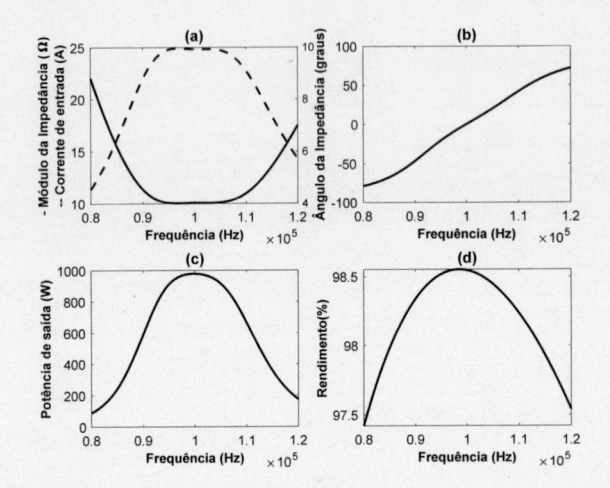

Nota. Elaborada pelo autor.

Figura 27

Comportamento dos parâmetros elétricos mediante variação de frequência. Sistema projetado para topologia SP, compensação em 100 kHz, $L_p = 100$ µH, $L_s = 200$ µH *e* $V_p = 73$ V

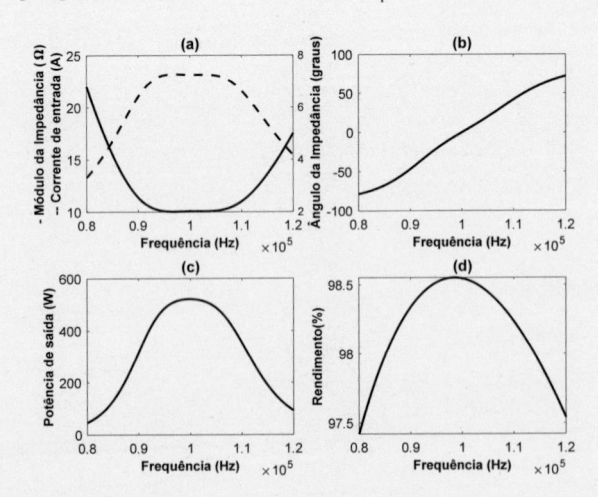

Nota. Elaborada pelo autor.

4.6 Análise do fator de acoplamento

Com base nas justificativas apresentadas na seção 3.6., é de extrema importância analisar o comportamento da topologia SP mediante variações no fator de acoplamento. A Figura 28 deixa evidente que o fator de acoplamento prejudica consideravelmente a estabilidade do sistema. No caso de perda de acoplamento, a corrente primária (Figura 28(a)) tende a crescer a ponto de colapsar o circuito. Por outro lado, no caso de aumento de acoplamento, a impedância equivalente (Figura 28(a)) cresce e a potência transferida (Figura 28(c)) é reduzida. Com respeito ao rendimento (Figura 28(d)), conforme esperado, este tende a crescer à medida que o fator de acoplamento aumenta, porém, em relação ao ângulo da impedância, Figura 28(b), há algo importante a ser considerado: diferentemente da topologia SS, a topologia SP, além de refletir parte imaginária ao primário, esta é dependente do fator de acoplamento. Ou seja, conforme se observa na Figura 28(b), para valores de acoplamento diferentes do projetado (0,25), o ângulo da impedância não se anula, demonstrando que a compensação não é efetiva.

Figura 28

Comportamento dos parâmetros elétricos mediante variação no fator de acoplamento. Sistema projetado para topologia SP, compensação em 100 kHz, L_p = 100 μH, L_s = 200 μH *e* V_p = 73 V

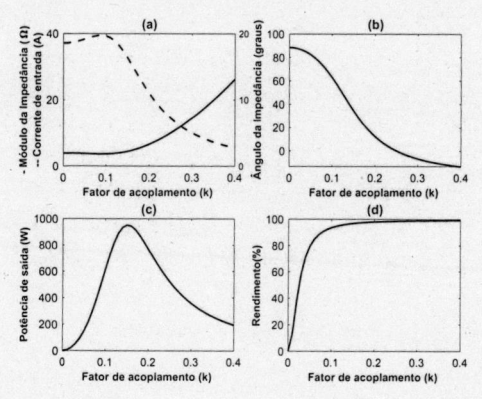

Nota. Elaborada pelo autor.

4.7 Metodologia de projeto para a topologia SP

A Tabela 3 contém os requisitos de projeto para o dimensionamento de uma compensação SP. Observe que a partir de uma tensão de saída e uma determinada carga, os demais parâmetros serão calculados. Os valores de indutância $\left(L_p, L_s\right)$ devem ser escolhidos de tal forma que a tensão de entrada fique próxima à estipulada no projeto (Tabela 3) e que um bom rendimento seja atingido.

Tabela 3

Dados para projeto da topologia SP

Parâmetros	Valor
Tensão secundária - V_s	$400\ V$
Potência de saída - P_s	$1000\ W$
Tensão primária - V_p	$100\ V$
Faixa de indutância primária - L_p	$1H\ a\,300\ H$
Faixa de indutância secundária - L_s	$1H\ a\,300\ H$
Fator de acoplamento - k	$0,25$
Frequência de operação - f_0	$100\ kHz$

Nota. Elaborada pelo autor.

Na Figura 29(a), é possível observar o comportamento de V_p em função dos pares de indutância $\left(L_p, L_s\right)$. Para uma melhor visualização, a Figura 30 apresenta o conjunto de pares cujas respectivas tensões de entrada estão entre $95\ V$ e $105\ V$. Como destacado na Figura 30, o par $L_p = L_s = 151\ \mu H$ resulta na tensão de entrada $V_p = 101\ V$.

A Figura 29(b) apresenta o rendimento do sistema para cada par de indutâncias. Investigando-se a figura de forma mais minuciosa, é possível confirmar que para o par selecionado $(L_p = L_s = 151\ \mu H)$, o rendimento atingido é satisfatório, sendo superior a 98%.

Finalmente, uma vez que os valores de indutância selecionados satisfazem os requisitos preliminares, é possível analisar a estabilidade dos parâmetros elétricos conforme se observa na Figura 31. Felizmente, os valores adotados conduzem a um sistema sem bifurcação, confirmando-se a ressonância única em 100 kHz, atingindo a potência de saída projetada com rendimento satisfatório.

Figura 29

Avaliação da tensão de entrada (V_p) *e do rendimento para seleção das indutâncias primária e secundária* (L_p e L_s) *da topologia SP*

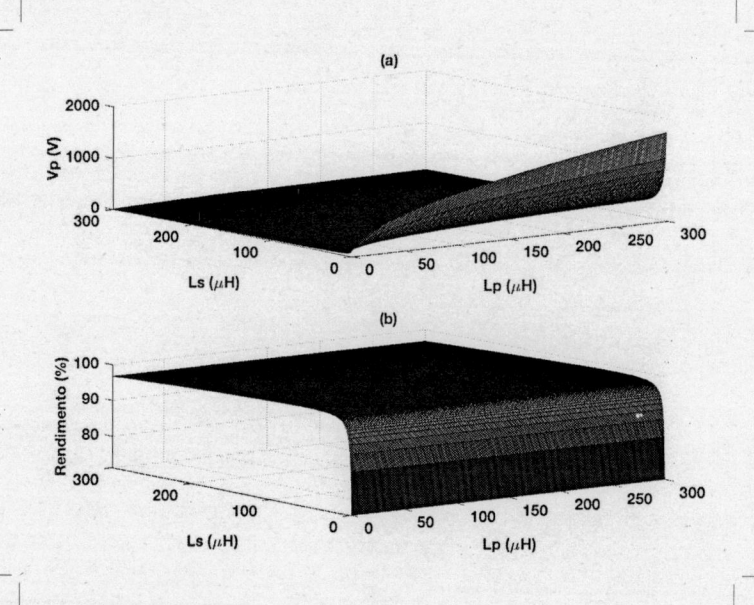

Nota. Elaborada pelo autor.

Figura 30

Pares ordenados $(L_p$ e $L_s)$ que satisfazem a tensão de entrada (V_p) entre 95 V e 105 V

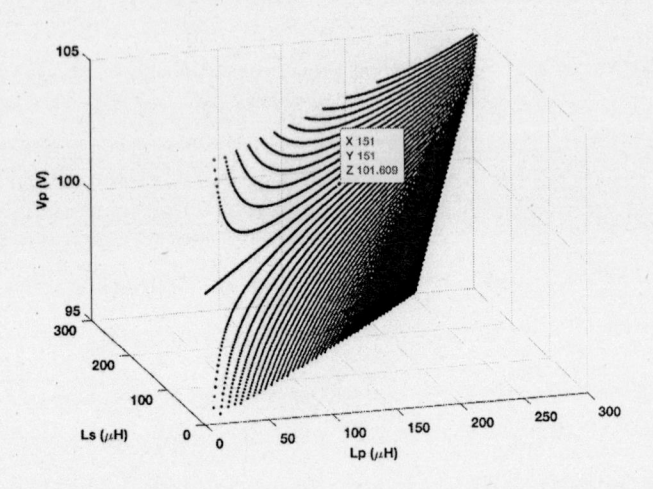

Nota. Elaborada pelo autor.

Figura 31

Comportamento dos parâmetros elétricos do sistema projetado. Compensação SP em 100 kHz, $L_p = 151$ μH, $L_s = 151$ μH, $C_p = 18,0$ nF, $C_s = 16,9$ nF *e* $V_p = 100$ V

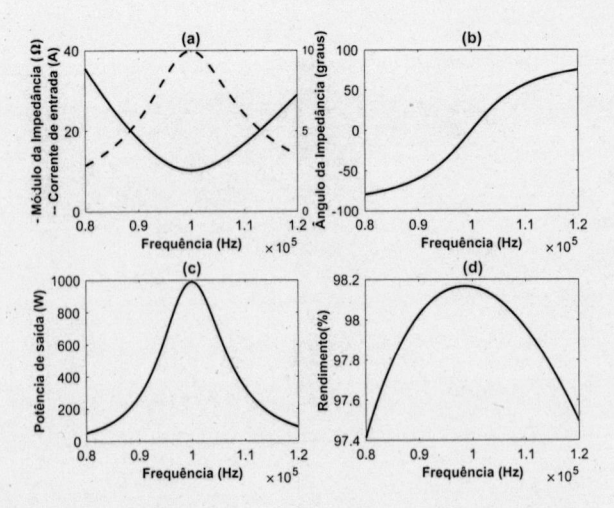

Nota. Elaborada pelo autor.

4.8 Conclusões do capítulo

A compensação paralela no secundário tem um importante papel para aplicações com cargas resistivas ou com características de fonte de corrente. O capacitor secundário estabelece o meio de conexão físico necessário para tais situações, sendo necessário o controle de tensão para situações de operação a vazio.

Em comparação com a topologia SS, a compensação SP apresenta menor criticidade no projeto de seus parâmetros, sendo menor o impacto sobre os elementos do circuito em virtude de desvios nos valores práticos. Sob o ponto de vista de seleção do compensador do primário, diferentemente da topologia SS, a topologia SP reflete parcela imaginária ao primário. Além disso, a parcela refletida também é dependente da indutância mútua, ou seja, a compensação perderá eficácia mediante variações do fator de acoplamento, fato esse comprovado pelo surgimento de fase na impedância equivalente para valores de k diferentes dos utilizados em projeto (Figura 28). Por mais que pareça algo simples, o fato de C_p depender de M traz agravantes práticos significativos para o dimensionamento da compensação primária, resultando em compensações sujeitas a pontos de operação bem diferentes dos estabelecidos para o projeto.

Similar à topologia SS, a redução de acoplamento também leva à instabilidade do sistema, elevando a corrente de entrada e a potência transferida a valores acima dos nominais. Na prática, dispositivos ou técnicas de proteção se tornam essenciais, caso contrário, o comportamento do circuito frente à redução k levaria a fonte de alimentação e o circuito em questão ao colapso. Outro ponto importante está relacionado à instabilidade frente à presença do fenômeno de bifurcação.

Com respeito ao fenômeno de bifurcação, caso ele não seja minimizado, variações paramétricas que resultam em desvios de até 20% nos pontos de ressonância podem ser fatais. A Figura 24 deixa muito claro que, para os pontos de ressonância distintos de ω_r, tanto a corrente de entrada quanto a potência transferida atingem valores muito superiores aos obtidos na frequência de projeto.

Capítulo 5

COMPENSAÇÃO PARALELA - SÉRIE (PS)

Na Figura 32, observamos a topologia de compensação denominada PS. A topologia PS é composta por um elemento de compensação (C_p) em paralelo com a bobina primária e um elemento de compensação em série (C_s) com a bobina secundária. Algo peculiar nesta topologia consiste na utilização de uma fonte de corrente no primário (I_1) a fim de tornar o uso da C_p fisicamente possível.

Figura 32

Circuito representando a compensação PS

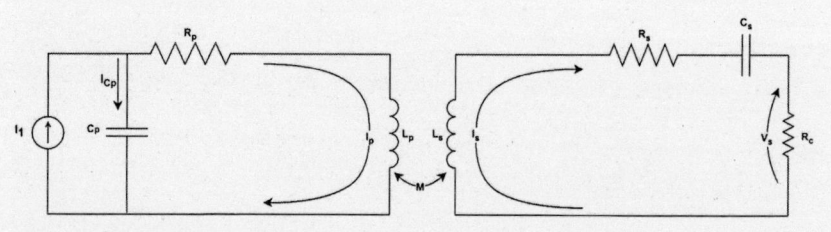

Nota. Elaborada pelo autor.

5.1 Cálculo da impedância equivalente vista pela fonte de entrada

Similar ao que fizemos para as topologias SS e SP, procederemos as análises a partir da impedância equivalente vista pela fonte primária (55).

$$\overrightarrow{Z_{eq}} = \frac{\left(R_p + \dfrac{\omega_0^2 M^2}{R_s + R_c + j\left(L_s\omega_0 - \dfrac{1}{C_s\omega_0}\right)}\right) + jL_p\omega_0}{\left(1 - L_p C_p \omega_0^2\right) + j\left(R_p C_p \omega_0 + \dfrac{\omega_0^3 M^2 C_p}{R_s + R_c + j\left(L_s\omega_0 - \dfrac{1}{C_s\omega_0}\right)}\right)} \sqrt{\frac{R_s R_c^2 M^2 + R_p R_s^2 L_s^2}{M^2 L_s^2}} \quad (55)$$

5.2 Cálculo dos compensadores para a topologia PS

A compensação do lado secundário dispensa mais comentários, afinal, consiste no simples cálculo da capacitância em ressonância com a indutância da bobina secundária (27). Estando o secundário compensado, é importante reavaliar o comportamento de $\overrightarrow{Z_{eq}}$. Para facilitar o entendimento, vamos reescrever (55) simplificando a parcela secundária que já foi compensada (56).

$$\overrightarrow{Z_{eq}} = \frac{\left(R_p + \dfrac{\omega_0^2 M^2}{R_s + R_c}\right) + jL_p\omega_0}{\left(1 - L_p C_p \omega_0^2\right) + j\left(R_p C_p \omega_0 + \dfrac{\omega_0^3 M^2 C_p}{R_s + R_c}\right)} \quad (56)$$

Manipulando-se (56), elimina-se a parte imaginária do numerador (57). A capacitância primária deverá ser escolhida de modo a compensar $\mathfrak{I}\left(\overrightarrow{Z_{eq}}\right)$ conforme apresentado em (58).

$$\overrightarrow{Z_{eq}} = \frac{\left(\left(R_p + \dfrac{\omega_0^2 M^2}{R_s + R_c}\right) + jL_p\omega_0\right)\left(\left(1 - L_p C_p \omega_0^2\right) - j\left(R_p C_p \omega_0 + \dfrac{\omega_0^3 M^2 C_p}{R_s + R_c}\right)\right)}{\left(1 - L_p C_p \omega_0^2\right)^2 + \left(R_p C_p \omega_0 + \dfrac{\omega_0^3 M^2 C_p}{R_s + R_c}\right)^2} \quad (57)$$

$$\Im\left(\overline{Z_{eq}}\right) = \frac{j\left(\left(L_p\omega_0 - L_p^2 C_p \omega_0^3\right) - \left(R_p + \frac{\omega_0^2 M^2}{R_s + R_c}\right)\left(R_p C_p \omega_0 + \frac{\omega_0^3 M^2 C_p}{R_s + R_c}\right)\right)}{\left(1 - L_p C_p \omega_0^2\right)^2 + \left(R_p C_p \omega_0 + \frac{\omega_0^3 M^2 C_p}{R_s + R_c}\right)^2} \qquad (58)$$

Igualando-se (58) a zero e assumindo que $R_p R_s \cong 0$ e $R_p R_c' \cong 0$, obtém-se o valor de C_p conforme (59).

$$C_p = \frac{\left(L_s C_s\right)^2 R_c^2 L_p}{R_c^2 L_p^2 L_s C_s + M^4} \qquad (59)$$

5.3 Cálculo do rendimento para a topologia PS

O rendimento pode ser definido de forma similar à topologia SS, partindo-se das equações básicas (31) e (32). O cuidado a ser tomado consiste em definir de forma adequada a relação entre a corrente que circula pela carga e a corrente que circula pela bobina primária (60). Substituindo (60) em (32), obtemos a equação genérica do rendimento tanto para a topologia SS quanto para a topologia PS. Vale considerar que, para o ponto de ressonância e para frequências muito superiores àquela que satisfaz (24), a parcela $\frac{R_s + R_c}{M\omega_0}$ se tornará desprezível, logo, (61) se reduzirá à (35).

$$\frac{I_p}{I_s} = \frac{\sqrt{\left(R_s + R_c\right)^2 + \left(L_s\omega_0 - \frac{1}{C_s\omega_0}\right)^2}}{M\omega_0} \qquad (60)$$

$$\eta = \frac{R_c}{R_p \left(\frac{\left(R_s + R_c \right)^2 + \left(L_s \omega_0 - \frac{1}{C_s \omega_0} \right)^2}{\left(M \omega_0 \right)^2} \right) + R_s + R_c} \qquad (61)$$

5.4 Exemplo de compensação para a topologia PS

De imediato, utilizaremos os mesmos parâmetros apresentados na Tabela 1. Logo, a partir de (27) e (59), as capacitâncias de compensação para o secundário e primário serão, respectivamente, $25{,}33\ \eta F$ e $22{,}88\ \eta F$.

Na Figura 33(b), é possível observar três pontos de ressonância, portanto, o fenômeno de bifurcação está presente. Contudo, conforme Figura 33(a), a compensação paralela no primário conduz ao comportamento peculiar de $\overline{Z_{eq}}$, em que a corrente de entrada é reduzida nos pontos de ressonância diferentes do estabelecido em projeto. Apesar da baixa potência transferida, algo interessante pode ser observado na Figura 33(c), afinal, não existem múltiplos pontos de máxima potência, característica essa que pode ser tida como vantajosa para a topologia proposta. Além disso, para frequências diferentes daquela estabelecida como frequência de projeto, a potência tende a diminuir, o que também pode ser visto como vantagem, pois facilita o processo prático de sintonia.

5.5 Análise da estabilidade do sistema PS

Similar às demais topologias, o ajuste dos parâmetros L_s, k e R_c pode eliminar as múltiplas ressonâncias. Observando a Figura 34(a), conclui-se que a redução de L_s é uma das alternativas para que o fenômeno de bifurcação seja eliminado. A redução do fator de acoplamento ou a redução da carga (Figura 34(b) e Figura 34(c), respectivamente) também são alternativas para a minimização do fenômeno. Dentre as alternativas apresentadas, aquela que soa ser a mais interessante é a indutância secundária, pois, sob o ponto de vista prático, é a variável de projeto mais conveniente de ser adaptada.

De acordo com a Figura 35, reduzindo-se L_s para 50 μH e supondo-se que k e R_c permaneçam constantes, o fenômeno de bifurcação é eliminado. Na Figura 35(c), podemos observar que a potência de saída foi reduzida, tornando-se, inclusive, inferior aos cerca de 50 W apresentados na Figura 33(c). Contudo, uma vez que o fenômeno de bifurcação é eliminado, a potência de saída pode ser facilmente regulada por meio do ajuste da tensão de entrada. Isso pode ser observado na Figura 36, em que a potência de saída (Figura 36(c)) é de aproximadamente 500 W, valor esse similar ao apresentado na Figura 15(c) (topologia SS) e na Figura 27(c) (topologia SP).

A remoção da bifurcação evidencia uma vantagem interessante da topologia PS. Analisando-se a Figura 36(a), observa-se certa estabilidade na corrente de entrada para um intervalo de 90 kHz a 110 kHz. Em aplicações práticas, é muito comum termos variações nos valores dos elementos indutivos e capacitivos, conduzindo ao deslocamento da frequência de ressonância. Portanto, garantir a estabilidade da corrente de entrada é essencial para não causar danos ao circuito.

Figura 33

Comportamento dos parâmetros elétricos mediante variação de frequência. Sistema projetado para compensação PS em 100 kHz, $L_p = L_s = 100$ μH e $V_p = 100$ V

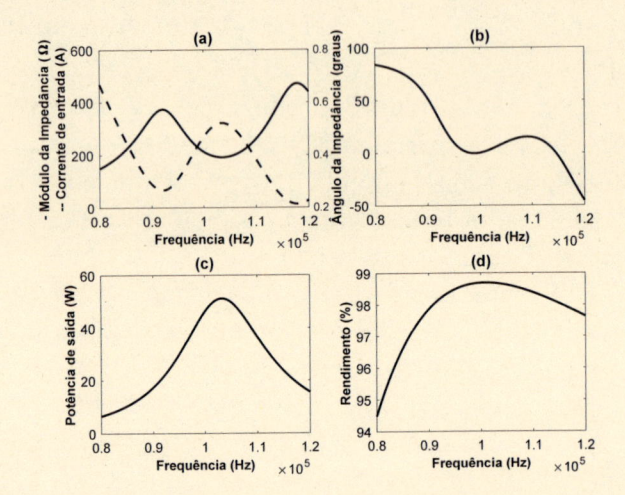

Nota. Elaborada pelo autor.

Figura 34

Comportamento de $\Im\left(\overrightarrow{Z_{eq}}\right)$ para a topologia PS para variações em: (a) L_s; (b) k e (c) R_c

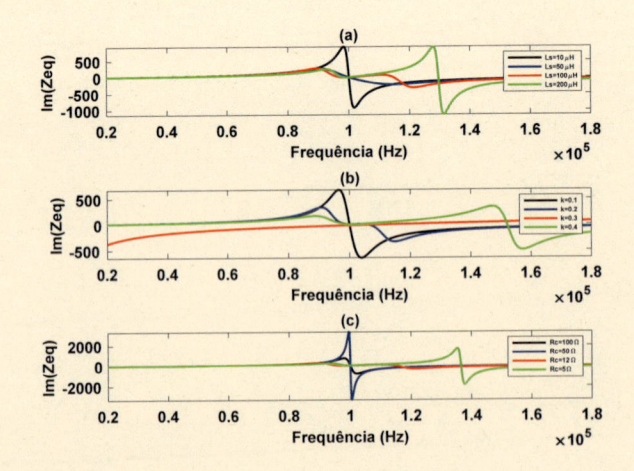

Nota. Elaborada pelo autor.

Figura 35

Comportamento dos parâmetros elétricos mediante variação da frequência. Sistema proje-tado para topologia PS, compensação em 100 kHz, $L_p = 100$ μH, $L_s = 50$ μH *e* $V_p = 100$ V

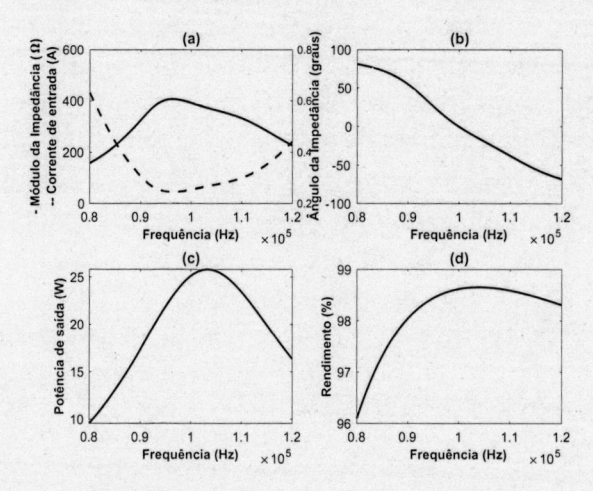

Nota. Elaborada pelo autor.

Figura 36

Comportamento dos parâmetros elétricos mediante variação da frequência. Sistema proje-tado para topologia PS, compensação em 100 kHz, $L_p = 100$ μH, $L_s = 50$ μH *e* $V_p = 450$ V

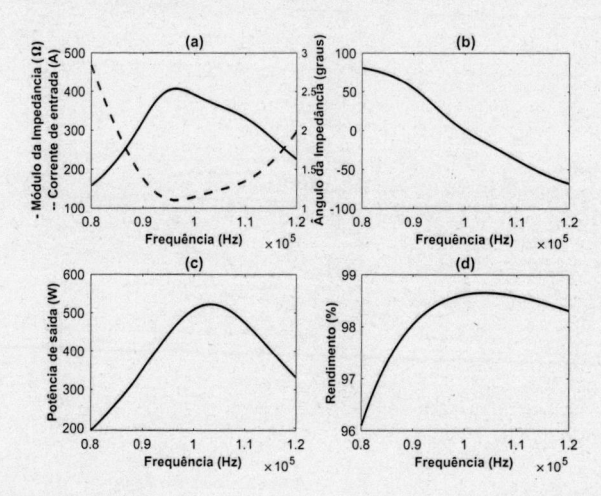

Nota. Elaborada pelo autor.

5.6 Análise do fator de acoplamento

Como já comentado em capítulos anteriores, em aplicações práticas, podem ocorrer variações no fator de acoplamento. Isso acontece por consequência de alterações na distância que separa as bobinas, modificações construtivas das bobinas, interferências de materiais ferromagnéticos ou simplesmente pela perda total do acoplamento quando um dos estágios (primário ou secundário) é removido.

A Figura 37 apresenta o comportamento da topologia PS mediante variações no fator de acoplamento. A Figura 37 demonstra outra vantagem muito importante da topologia PS. Para situações que incorram na redução do fator de acoplamento, observamos que o sistema não se instabiliza. Simplesmente, a impedância tende a crescer, reduzindo a corrente de entrada e a potência transferida.

Figura 37

Comportamento dos parâmetros elétricos mediante variação no fator de acoplamento. Sistema projetado para topologia PS, compensação em 100 kHz, $L_p = 100$ μH, $L_s = 50$ μH *e* $V_p = 450$ V

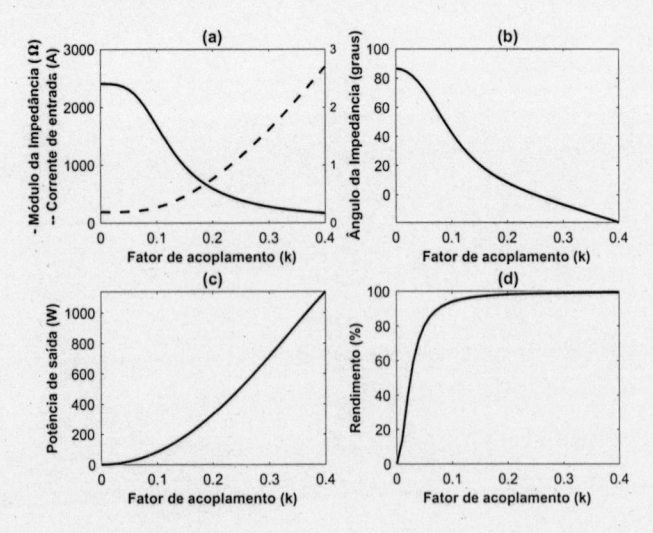

Nota. Elaborada pelo autor.

5.7 Metodologia de projeto para a topologia PS

Faremos o projeto partindo dos dados contidos na Tabela 4. Assim como nas demais topologias, usaremos o valor de tensão e de potência de saída para calcularmos os demais parâmetros do projeto. Os pares de indutâncias $\left(L_p, L_s\right)$ serão ensaiados para que a seleção das bobinas primária e secundária atenda a tensão de entrada e resulte em bom rendimento.

Tabela 4

Dados para projeto da topologia PS

Parâmetros	Valor
Tensão secundária - V_s	$72\ V$
Potência de saída - P_s	$1000\ W$
Tensão primária - V_p	$400\ V$
Faixa de indutância primária - L_p	$1H\ a\ 300\ H$
Faixa de indutância secundária - L_s	$1H\ a\ 300\ H$
Fator de acoplamento - k	$0,25$
Frequência de operação - f_0	$100\ kHz$

Nota. Elaborada pelo autor.

Na Figura 38, podemos observar as superfícies geradas pelos conjuntos $\left(L_p, L_s,\ V_p\right)$ e $\left(L_p, L_s,\ \eta\right)$, respectivamente. Na Figura 39 observamos os conjuntos $\left(L_p, L_s,\ V_p\right)$ que se enquadram em valores aproximados da tensão de entrada. Como exemplo, podemos observar o conjunto $\left(100\ \mu H, 264\ \mu H, 400,7\ V\right)$ destacado na Figura 39. Na Figura 38(b), observamos a superfície que descreve o rendimento do sistema para cada par de indutâncias. Para as indutâncias selecionadas na Figura 39, espera-se um rendimento aproximado de 95%.

Dado que os valores selecionados satisfazem os requisitos de projeto, é possível analisar a estabilidade dos parâmetros elétricos na Figura 40. A partir dos resultados, fica evidente que para a frequência de projeto ($100\ kHz$), a potência de saída atende o esperado de $1000\ W$. Para esse caso, temos uma situação crítica de instabilidade, pois a potência de saída (Figura 40(c)) e a corrente de entrada (Figura 40(a)) atingem valores inconcebíveis mediante variações de frequência. A Figura 40(b) deixa claro que há duas raízes próximas que compensam o sistema e prejudicam a estabilidade do circuito. Portanto, este comportamento precisa ser melhorado.

Com base nas análises anteriores, nossa melhor alternativa para mitigar o fenômeno de bifurcação é a redução de L_s. Portanto, de acordo com a Figura 41, avaliaremos um novo conjunto de dados $\left(39\ \mu H, 21\ \mu H, 399,1\ V\right)$, buscando não só eliminar a bifurcação, mas também melhorar o rendimento.

De posse do novo conjunto de dados, o comportamento dos parâmetros elétricos é novamente avaliado conforme Figura 42. Para essa situação, está evidente que a corrente de entrada apresenta comportamento bastante satisfatório, inclusive, com a nítida vantagem de ser praticamente constante numa boa faixa de variação de frequência. Na Figura 42(c) observa-se o excelente comportamento da potência de saída, tendo o pico de máxima transferência muito próximo da frequência de ressonância e muito próximo do valor projetado. Na Figura 42(b), está claro que o número de raízes foi reduzido a um, garantindo a frequência de projeto como sendo a única frequência de ressonância para a compensação do circuito. Finalmente, a Figura 42(d) demonstra a sensível melhoria de rendimento para o circuito.

Figura 38

Avaliação da tensão de entrada (V_p) e do rendimento para seleção das indutâncias primária e secundária (L_p e L_s) da topologia PS

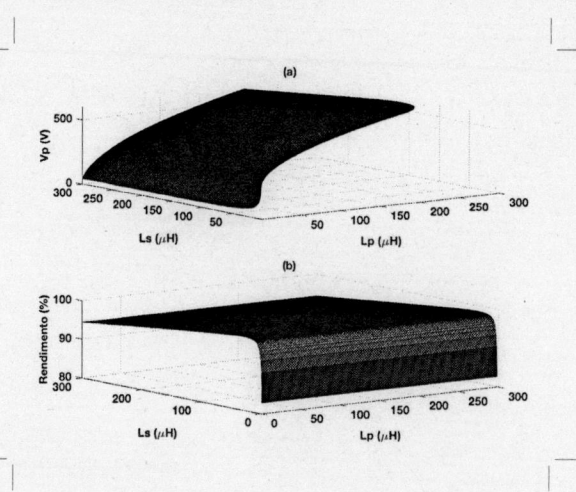

Nota. Elaborada pelo autor.

Figura 39

Pares ordenados (L_p e L_s) que satisfazem a tensão de entrada (V_p) entre 395V e 405V

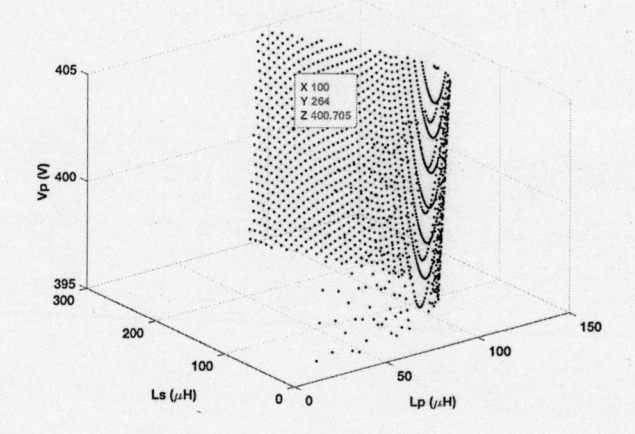

Nota. Elaborada pelo autor.

Figura 40

Comportamento dos parâmetros elétricos mediante variação da frequência. Sistema proje-tado para topologia PS, compensação em 100 kHz, $L_p = 100\ \mu H$, $L_s = 264\ \mu H$ e $V_p = 400V$

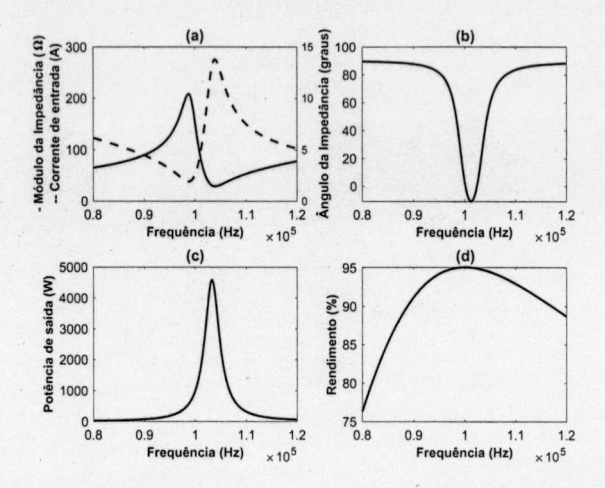

Nota. Elaborada pelo autor.

Figura 41

Par ordenado (L_p e L_s) selecionado para minimizar bifurcação e melhorar rendimento no projeto da topologia PS

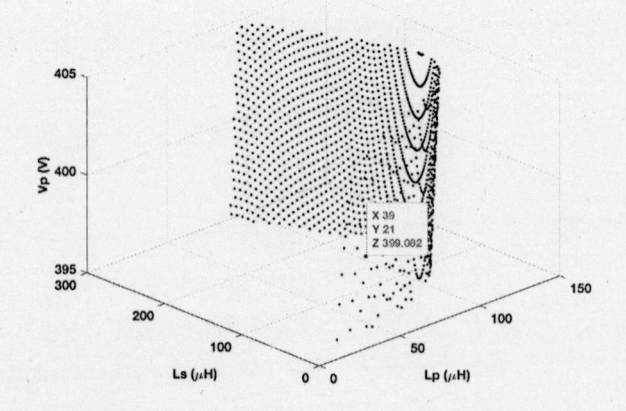

Nota. Elaborada pelo autor.

Figura 42

Comportamento dos parâmetros elétricos mediante variação da frequência. Sistema projetado para topologia PS, compensação em $100\,kHz$, $L_p = 39\,\mu H$, $L_s = 21\,\mu H$ *e* $V_p = 399,1V$

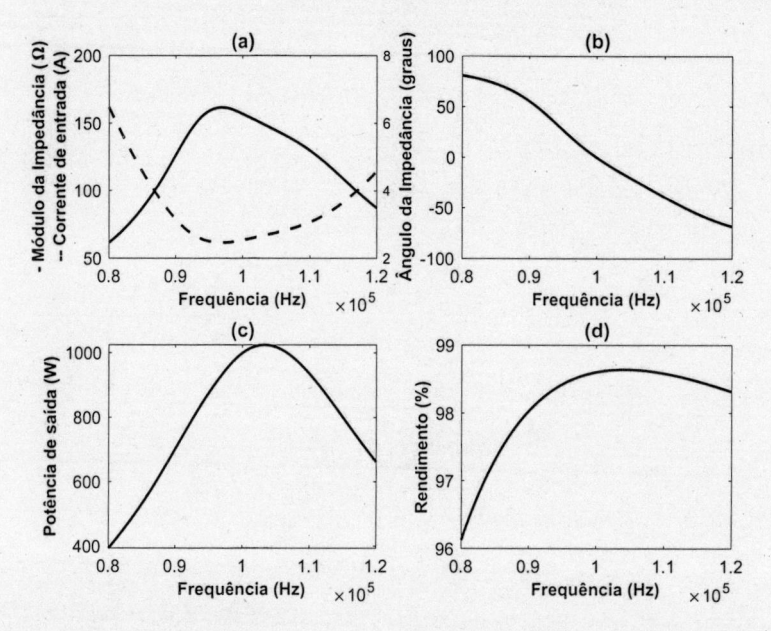

Nota. Elaborada pelo autor.

É ainda relevante comentarmos que topologias com ressonância paralela no primário impõem a necessidade de fontes de corrente como alimentação do circuito. Portanto, por mais que as análises realizadas tenham partido de tensões primárias, esses valores são resultado de fontes de corrente aplicadas à impedância equivalente do circuito. Sendo assim, como forma de validação dos resultados obtidos, pode ser interessante analisar o valor da corrente de entrada em função das indutâncias (Figura 43).

A Figura 43(b) evidencia que os maiores rendimentos ocorrem para indutâncias secundárias posicionadas entre 20 μH e 50 μH, confirmando o bom resultado apresentado na Figura 42(d). Na Figura 43(a), é razoável notar que, para a faixa de indutâncias secundárias citada anteriormente, a corrente primária é inferior a $5\,A$, sendo interessante observar que, para os valores de L_p e L_s usados em projeto, a fonte de corrente primária deve fornecer cerca de $2,7\,A$, o que é confirmado na Figura 42(a).

Figura 43

Avaliação da corrente de entrada $\left(I_p\right)$ *e do rendimento em função das indutâncias primária e secundária* (L$_p$ e L$_s$) *da topologia PS*

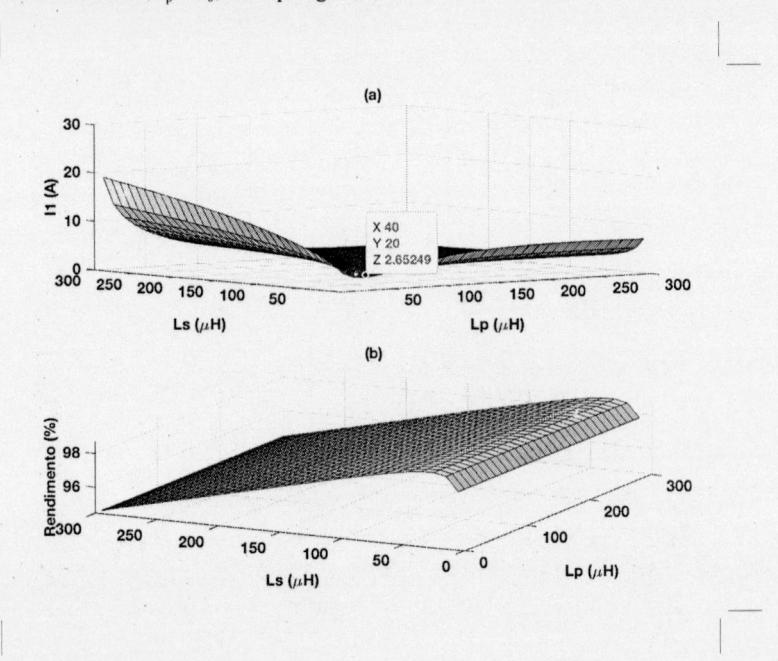

Nota. Elaborada pelo autor.

5.8 Conclusões do capítulo

Do ponto de vista da carga, mesmo em situações com presença de bifurcação, a topologia PS demonstra bom comportamento elétrico. Tem a peculiaridade de apresentar a máxima potência transferida posicionada em frequência ligeiramente superior à frequência de trabalho. Comportamento semelhante também se observa com o rendimento. Contudo, dependendo dos parâmetros selecionados, a máxima potência pode atingir valores muito superiores ao projetado para ω_r.

Cuidado especial deve-se ter com a corrente de entrada, pois variações paramétricas que resultem em deslocamento da frequência de ressonância podem levar a valores impraticáveis de corrente, podendo comprometer a fonte de entrada ou operar em situação de baixo rendimento. É importante mencionar que sem bifurcação, a elevação de corrente mediante desvios da frequência se torna ainda mais acentuada. Por outro lado, a compensação paralela no primário impõe a necessidade de uma fonte de corrente para a alimentação do circuito, o que não é ruim, afinal, facilita o controle desta grandeza frente a variações de frequência. Algo característico da compensação paralela no primário é garantir estabilidade frente à redução do fator de acoplamento, algo que soa muito positivamente para aplicações práticas, permitindo-se remover completamente o lado receptor sem riscos de danificar o circuito.

Uma vantagem de se utilizar a compensação série no secundário consiste em melhorar a regulação e a estabilidade da tensão sobre as cargas. Também é interessante verificar que a compensação secundária não reflete a parcela imaginária para o primário, porém, diferente da topologia SS, a topologia PS apresenta dependência da indutância mútua para a seleção de C_p. Isso implica na dependência do fator de acoplamento, sendo possível confirmar na Figura 37 que o comportamento do circuito pode se tornar capacitivo para valores de k superiores ao nominal de projeto e indutivo para valores inferiores.

Capítulo 6

COMPENSAÇÃO PARALELA - PARALELA (PP)

Na Figura 44, temos a topologia de compensação denominada PP. A topologia PP é composta por um elemento de compensação (C_p) em paralelo com a bobina primária e um elemento de compensação (C_s) em paralelo com a bobina secundária. Seguindo o mesmo princípio físico da topologia PS, a topologia PP também é modelada tendo uma fonte de corrente (I_1) no primário.

Figura 44

Circuito representando a compensação PP

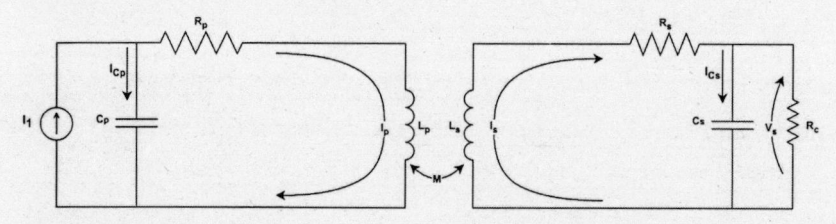

Nota. Elaborada pelo autor.

6.1 Cálculo da impedância equivalente vista pela fonte de entrada

Assim como para as demais topologias, procederemos as análises a partir da impedância equivalente vista pela fonte primária. A obtenção de $\overline{Z}_{eq}$ é um pouco mais complexa se comparada às demais topologias. Como forma de facilitar o entendimento, é interessante observarmos a parcela refletida do secundário ao primário antes de prosseguirmos com a dedução de $\overline{Z}_{eq}$.

Por analogia topológica, podemos considerar que a parcela refletida na topologia PP é a mesma identificada na topologia SP. Observando (40), podemos extrair a parcela refletida $\left(\overrightarrow{Z_r}\right)$, conforme se observado em (62). Ao examinarmos a Figura 44, podemos concluir que a impedância refletida se associará, em série, com os parâmetros da bobina primária $\left(\overrightarrow{Z_p} = R_p + j\omega_0 L_p\right)$, resultando em $\overrightarrow{Z_{eq1}}$ (63). Sendo assim, considerando $\overrightarrow{V_p}$ a tensão sobre C_p e sobre $\overrightarrow{Z_{eq1}}$, podemos equacionar a tensão primária conforme (64). Deduzindo-se a corrente primária $\left(\overrightarrow{I_p}\right)$ em função de $\overrightarrow{V_p}$ e de $\overrightarrow{I_1}$ (65), e substituindo (65) em (64), obtém-se $\overrightarrow{Z_{eq}}$ conforme (66). Finalmente, substituindo-se $\overrightarrow{Z_p}$ e $\overrightarrow{Z_r}$ em (66), obtém a equação para $\overrightarrow{Z_{eq}}$ (67).

$$\overrightarrow{Z_r} = \frac{M^2 \omega_0^2 \left(j\omega_0 R_c C_s + 1\right)}{\left(R_s + j\omega_0 L_s\right)\left(j\omega_0 R_c C_s + 1\right) + R_c} \tag{62}$$

$$\overrightarrow{Z_{eq1}} = \left(R_p + j\omega_0 L_p\right) + \left(\frac{M^2 \omega_0^2 \left(j\omega_0 R_c C_s + 1\right)}{\left(R_s + j\omega_0 L_s\right)\left(j\omega_0 R_c C_s + 1\right) + R_c}\right) \tag{63}$$

$$\overrightarrow{V_p} = \left(\overrightarrow{Z_p} + \overrightarrow{Z_r}\right)\overrightarrow{I_p} \tag{64}$$

$$\overrightarrow{I_p} = \overrightarrow{I_1} - j\omega_0 C_1 \overrightarrow{V_p} \tag{65}$$

$$\overrightarrow{Z_{eq}} = \frac{\overrightarrow{V_p}}{\overrightarrow{I_1}} = \frac{\overrightarrow{Z_p} + \overrightarrow{Z_r}}{1 + j\omega_0 C_p \left(\overrightarrow{Z_p} + \overrightarrow{Z_r}\right)} \tag{66}$$

$$\overline{Z_{eq}} = \frac{\left(R_p + j\omega_0 L_p\right) + \left(\dfrac{M^2\omega_0^2\left(j\omega_0 R_c C_s + 1\right)}{\left(R_s + j\omega_0 L_s\right)\left(j\omega_0 R_c C_s + 1\right) + R_c}\right)}{1 + j\omega_0 C_p\left[\left(R_p + j\omega_0 L_p\right) + \left(\dfrac{M^2\omega_0^2\left(j\omega_0 R_c C_s + 1\right)}{\left(R_s + j\omega_0 L_s\right)\left(j\omega_0 R_c C_s + 1\right) + R_c}\right)\right]} \quad (67)$$

Algumas considerações podem ser realizadas em (67) a fim de simplificá-la. Assumindo-se que R_p e R_s sejam nulos e que $\omega_0 = \dfrac{1}{\sqrt{L_s C_s}}$, $\overline{Z_{eq}}$ será reescrita conforme (68).

$$\overline{Z_{eq}} = \frac{\dfrac{M^2 R_c}{L_s^2} + j\omega_0\left(L_p - \dfrac{M^2}{L_s}\right)}{1 - \omega_0^2 C_p L_p + \dfrac{\omega_0^2 M^2 C_p}{L_s} + \dfrac{j\omega_0 C_p R_c M^2}{L_s^2}} \quad (68)$$

6.2 Cálculo dos compensadores para a topologia PP

Já sabemos que a compensação do lado secundário é realizada diretamente pela ressonância de C_s com L_s (27). De acordo com (68), $\overline{Z_{eq}}$ possui partes real e imaginária, logo, a compensação será realizada por meio da escolha de C_p que resulte em $\Im\left(\overline{Z_{eq}}\right) = 0$. Portanto, igualando-se (69) a zero é possível isolar C_p conforme (70). Caso se prefira obter C_p a partir dos parâmetros circuito, basta substituir ω_0 por $\dfrac{1}{\sqrt{L_s C_s}}$, resultando em (71).

$$\Im\left(\overline{Z_{eq}}\right) = \frac{j\omega_0\left[\left(L_p - \dfrac{M^2}{L_s}\right)\left(1 - \omega_0^2 C_p L_p + \dfrac{\omega_0^2 M^2 C_p}{L_s}\right) - \left(\dfrac{j\omega_0 C_p R_c M^2}{L_s^2}\right)\left(\dfrac{M^2 R_c}{L_s^2}\right)\right]}{\left(1 - \omega_0^2 C_p L_p + \dfrac{\omega_0^2 M^2 C_p}{L_s}\right)^2 + \left(\dfrac{\omega_0 C_p R_c M^2}{L_s^2}\right)^2} \quad (69)$$

$$C_p = \frac{L_p - \dfrac{M^2}{L_s}}{\omega_0^2 \left(L_p - \dfrac{M^2}{L_s} \right)^2 + \left(\dfrac{R_c M^2}{L_s^2} \right)^2} \tag{70}$$

$$C_p = \frac{\left(L_p L_s - M^2 \right) C_s L_s^2}{\left(L_p L_s - M^2 \right)^2 + \dfrac{R_c^2 C_s M^4}{L_s}} \tag{71}$$

6.3 Cálculo do rendimento para a topologia PP

Tomando como base a Figura 44, o cálculo do rendimento na topologia PP pode ser realizado conforme (45), equação essa que pode ser reescrita a partir da divisão do numerador e do denominador por $I_{R_c}^2$ (72). As razões $\dfrac{I_s}{I_{Rc}}$ e $\dfrac{I_p}{I_{Rc}}$ são idênticas às apresentadas para a topologia SP, sendo descritas por (47) e (50), respectivamente. Resumindo, em virtude das similaridades topológicas, a equação de rendimento é a mesma para as compensações SP e PP. Considerando a condição imposta por (54), o rendimento para essas topologias passa a ser descrito conforme (73).

$$\eta = \frac{R_c}{R_c + R_s \dfrac{I_s^2}{I_{R_c}^2} + R_p \dfrac{I_p^2}{I_{R_c}^2}} \tag{72}$$

$$\eta = \frac{R_c}{R_c + R_s + \dfrac{R_p L_s^2}{\left(M \right)^2}} \tag{73}$$

6.4 Exemplo de compensação para a topologia PP

Como ponto de partida, iremos considerar os mesmos parâmetros do exemplo realizado para a topologia SP na seção 4.4. As capacitâncias foram calculadas por (27) e (71), resultando em $25,33 \ \eta F$ e $24,23 \ \eta F$, respectivamente.

Conforme Figura 45, apesar de a potência ter um valor máximo bem definido (Figura 45(c)), é evidente a presença de múltiplos pontos de ressonância na Figura 45(b). Na Figura 45(a), a compensação paralela no primário leva $\overline{Z_{eq}}$ e $\overline{I_1}$ a comportamentos muito similares aos observados na compensação PS. Também é válido ressaltar que, similar à topologia PS, a potência transferida tende a ser reduzida para frequências diferentes de ω_0, o que facilita bastante a avaliação prática dos circuitos.

Figura 45

Comportamento dos parâmetros elétricos mediante variação de frequência. Sistema projetado para compensação PP em 100 *kHz,* $L_p = L_s = 100 \ \mu H$ *e* $V_p = 100 \ V$

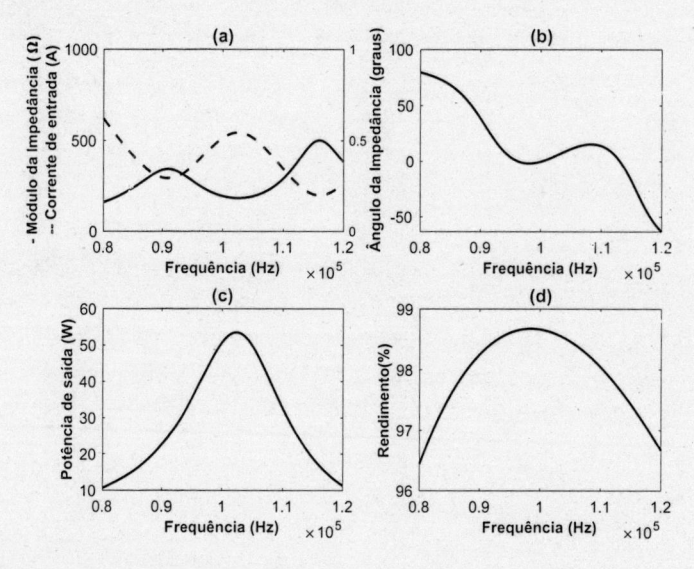

Nota. Elaborada pelo autor.

6.5 Análise da estabilidade do sistema de compensação PP

Como fizemos para as demais topologias, vamos estudar o comportamento de $\Im\left(\overrightarrow{Z_{eq}}\right)$ em função de variações na indutância secundária, no fator de acoplamento e na resistência de carga, afinal, esses parâmetros têm relação direta com o número de pontos de ressonância ou raízes em (69).

Tomando-se como base o projeto anterior e variando-se a indutância secundária, na Figura 46(a), observa-se que o comportamento das raízes melhora para maiores indutâncias. Por outo lado, variando-se o fator de acoplamento, observa-se que $\Im\left(\overrightarrow{Z_{eq}}\right)$ passa a ter raiz única sobre a frequência de ressonância a partir da redução de k. Finalmente, para a variação da resistência de carga, pode-se concluir que a redução de R_c contribui para a estabilidade do circuito. Sendo assim, concluímos que, caso seja necessário o aumento de R_c, será necessário aumentar L_s ou reduzir k para não ocorrerem múltiplas ressonâncias no circuito analisado.

É sempre importante destacarmos que o ajuste de um dos parâmetros para minimização dos efeitos de múltiplas ressonâncias provocará alteração na transferência de potência. Prova disso são os gráficos apresentados na Figura 47. Veja que, para essa situação, os dados de projeto são exatamente os mesmos, mudando-se apenas a indutância L_s para o valor de $600\ \mu H$. Com a mudança de L_s, os valores de C_p e C_s foram recalculados, obtendo-se, respectivamente, $26,9\ \eta F$ e $4,2\ \eta F$. Nitidamente, o fenômeno de bifurcação foi extinto (Figura 47(a) e Figura 47(b)), contudo, para a frequência de ressonância, a potência transferida foi reduzida, assim como o ponto de máxima transferência de potência foi severamente deslocado.

Podemos avaliar ainda mais a influência das variações paramétricas sobre o circuito elevando-se a tensão de entrada V_p e aproveitando-se da possibilidade de elevação de R_c, resultado do novo valor de L_s. Como exemplo, a Figura 48 apresenta resultados interessantes ao se atribuir $400\ V$ para a tensão de entrada e $1000\ \Omega$ para a resistência de carga. Para essa situação, a capacitância primária de compensação sofreu leve modificação, resultando em $26,2\ \eta F$. A Figura 48(c) nos chama a atenção por mostrar que o pico de potência transferida passa a coincidir com a frequência de projeto. A Figura 48(b) deixa claro que a parte imaginária se anula unicamente na frequência de ressonância, ou seja, há uma só raiz para a parte imaginária. Por fim, a Figura 48(d) deixa explícito que o rendimento para a condição analisada continua sendo satisfatório.

Figura 46

Comportamento de $\Im\left(\overrightarrow{Z_{eq}}\right)$ *para a topologia PP mediante variações em:* $(a)\ \mathrm{L_s}$; $(b)\ \mathrm{k}\ e\ (c)\ \mathrm{R_c}$

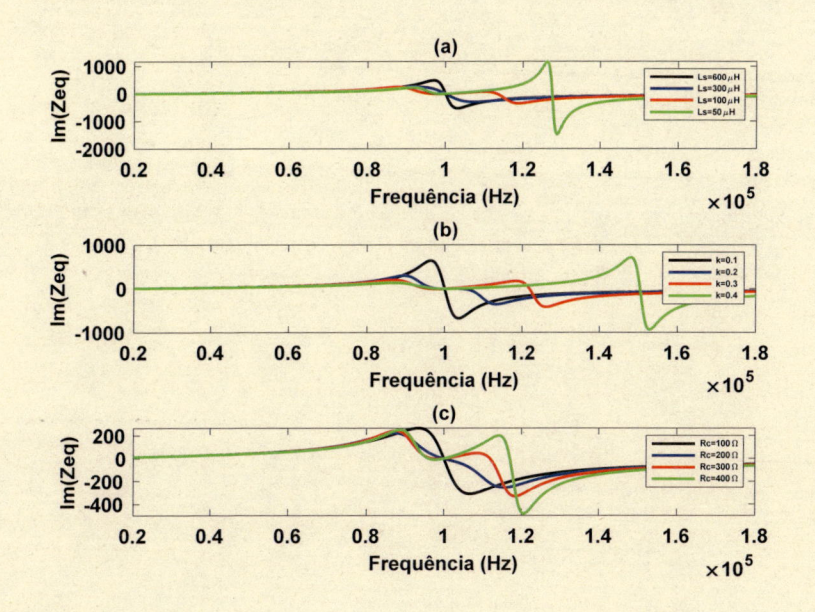

Nota. Elaborada pelo autor.

Figura 47

Comportamento dos parâmetros elétricos mediante variação da frequência. Sistema projetado para topologia PP, compensação em 100 kHz, $L_p = 100$ µH, $L_s = 600$ µH, $C_p = 26,9$ ηF, $C_s = 4,2$ ηF, $R_c = 320$ Ω *e* $V_p = 100$ V

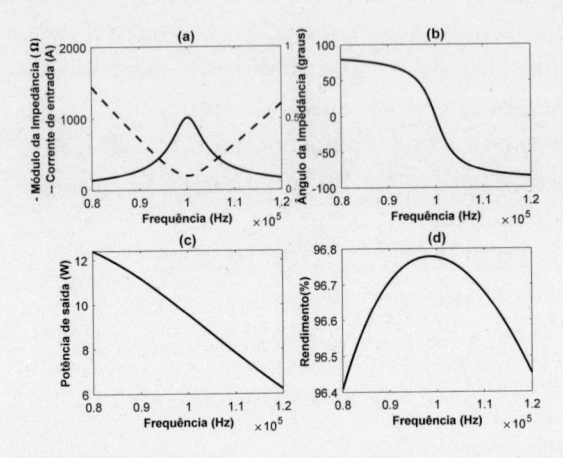

Nota. Elaborada pelo autor.

Figura 48

Comportamento dos parâmetros elétricos mediante variação de frequência. Sistema projetado para topologia PP, compensação em 100 kHz, $L_p = 100$ µH, $L_s = 600$ µH, $C_p = 26,2$ ηF, $C_s = 4,2$ ηF, $R_c = 1000$ Ω, *e* $V_p = 400$ V

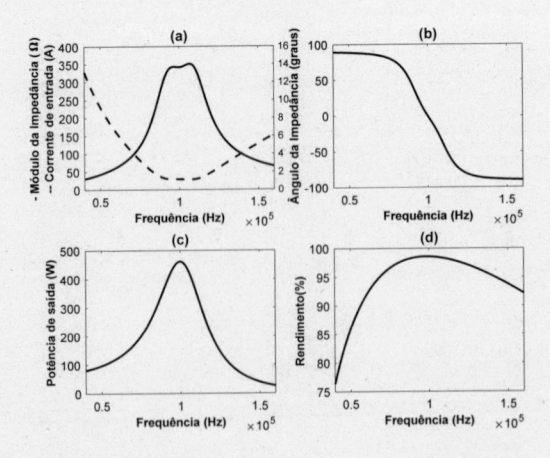

Nota. Elaborada pelo autor.

6.6 Análise do fator de acoplamento

A Figura 49 apresenta o comportamento da topologia PP mediante variações no fator de acoplamento. Similar à topologia PS, a Figura 49 confirma que topologias com compensação paralela no primário apresentam a importante característica de redução da corrente de entrada e da potência de saída à medida que o fator de acoplamento diminui. Tal característica tem implicação importante, afinal, a perda de acoplamento é algo comum de se acontecer em aplicações práticas, e, a fim de se evitar o colapso do circuito, meios de controle da corrente de entrada passam a ser mandatórios nas topologias com compensação série no primário.

Figura 49

Comportamento dos parâmetros elétricos mediante variação no fator de acoplamento. Sistema projetado para topologia PP, compensação em 100 *kHz,* $L_p = 100$ *µH,* $L_s = 600$ *µH,* $C_p = 26,2$ *ηF,* $C_s = 4,2$ *ηF,* $R_c = 1000$ *Ω e* $V_p = 400$ *V*

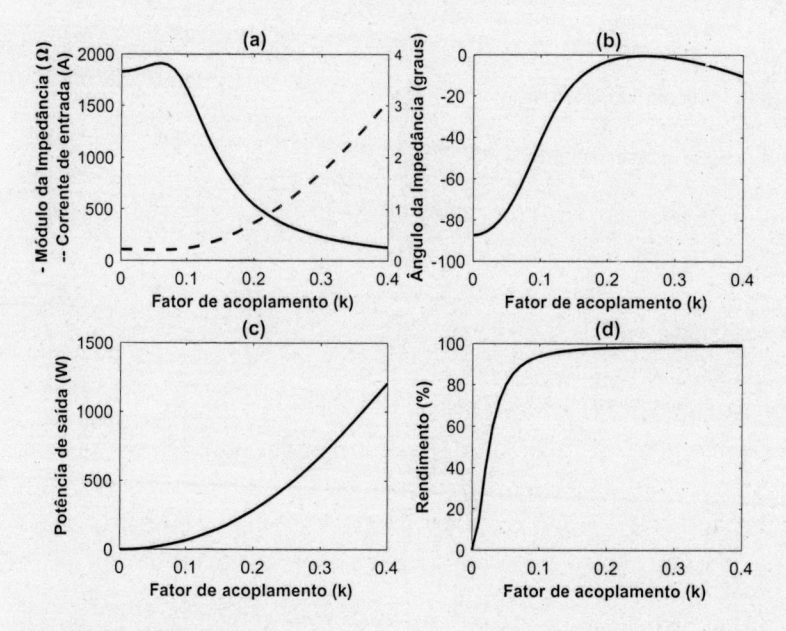

Nota. Elaborada pelo autor.

6.7 Metodologia de projeto para a topologia PP

A Tabela 5 apresenta os dados de projeto para o dimensionamento de uma compensação PP. Seguindo o mesmo procedimento adotado para as demais topologias, considerou-se como exigência atender uma determinada carga a partir de uma tensão de saída preestabelecida. Os valores de indutâncias $\left(L_p, L_s\right)$ serão escolhidos dentro da faixa apresentada, sendo fundamentais para que a tensão de entrada se aproxime ao máximo daquela estipulada na Tabela 5.

Tabela 5

Dados para projeto da topologia PP

Parâmetros	Valor
Tensão secundária - V_s	$400\ V$
Potência de saída - P_s	$1000\ W$
Tensão primária - V_p	$400\ V$
Faixa de indutância primária - L_p	$1H\ a\, 800\ H$
Faixa de indutância secundária - L_s	$1H\ a\, 800\ H$
Fator de acoplamento - k	$0,25$
Frequência de operação - f_0	$100\ kHz$

Nota. Elaborada pelo autor.

A superfície apresentada na Figura 50(a) apresenta um conjunto de soluções para que a carga seja atendida com a tensão de saída pretendida. De acordo com a Tabela 5, as soluções que se tornam viáveis ao projeto são aquelas cuja tensão primária esteja próxima aos $400\ V$. Sendo assim, a Figura 51 contém o conjunto de pontos selecionados para os quais V_p se encontra entre $395\ V$ e $405\ V$. Considerando valores para um bom rendimento (Figura 50(b)) e priorizando $L_s > L_p$ para minimizar os efeitos da bifurcação, os valores escolhidos para as indutâncias primária e secundária foram 45 μH e 99 μH, respectivamente. A partir dos valores selecionados e dos novos compensadores, o comportamento dos parâmetros elétricos pode ser observado na Figura 52.

Considerando que a topologia PP impõe a necessidade de uma fonte de corrente em sua entrada, torna-se importante avaliar o comportamento de I_1, conforme Figura 53(a). A superfície de rendimento apresentada na Figura 50(b) é também apresentada na Figura 53(b), confirmando o ponto de operação com rendimento superior a 98%. Vale destacar que optamos por apresentar a Figura 53 com intervalos de indutância maiores, facilitando a visualização das superfícies com o auxílio de cores. Na figura em estudo, em virtude do intervalo de 10 μH para as indutâncias, os valores adotados para L_p e L_s foram, respectivamente, 50 μH e 100 μH.

Figura 50

Avaliação da tensão de entrada $\left(V_p \right)$ e do rendimento para seleção das indutâncias primária e secundária (L$_p$ e L$_s$) da topologia PP

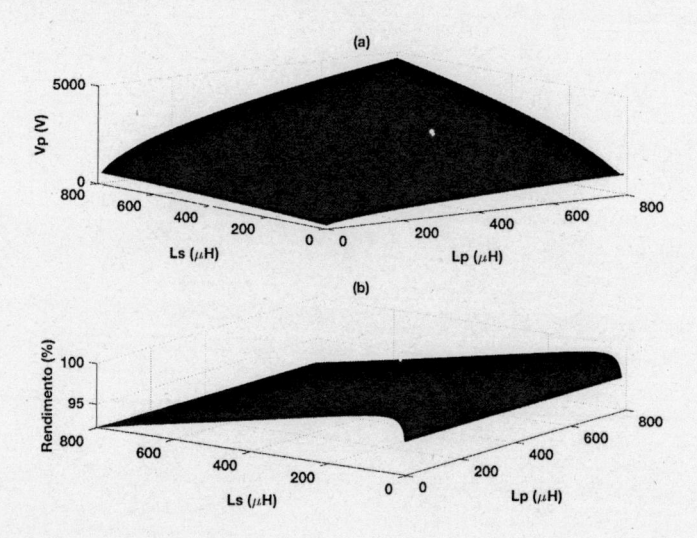

Nota. Elaborada pelo autor.

Figura 51

Pares ordenados (L$_p$ *e* L$_s$) *que satisfazem a tensão de entrada* (V$_p$) *entre* 395 V *e* 405 V

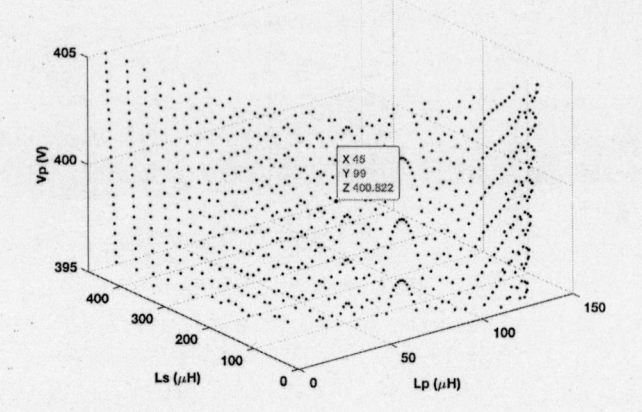

Nota. Elaborada pelo autor.

Figura 52

Comportamento dos parâmetros elétricos do sistema projetado. Compensação PP em 100 kHz, L$_p$ = 45 µH, L$_s$ = 99 µH, C$_p$ = 58, 4 nF, C$_s$ = 25, 3 nF *e* V$_p$ = 400 V

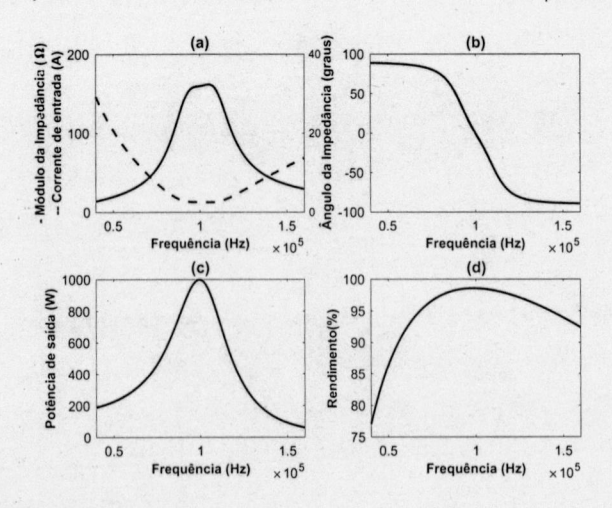

Nota. Elaborada pelo autor.

Figura 53

Avaliação da corrente de entrada (I_1) e do rendimento em função das indutâncias primária e secundária $(L_p$ e $L_s)$ para a topologia PP

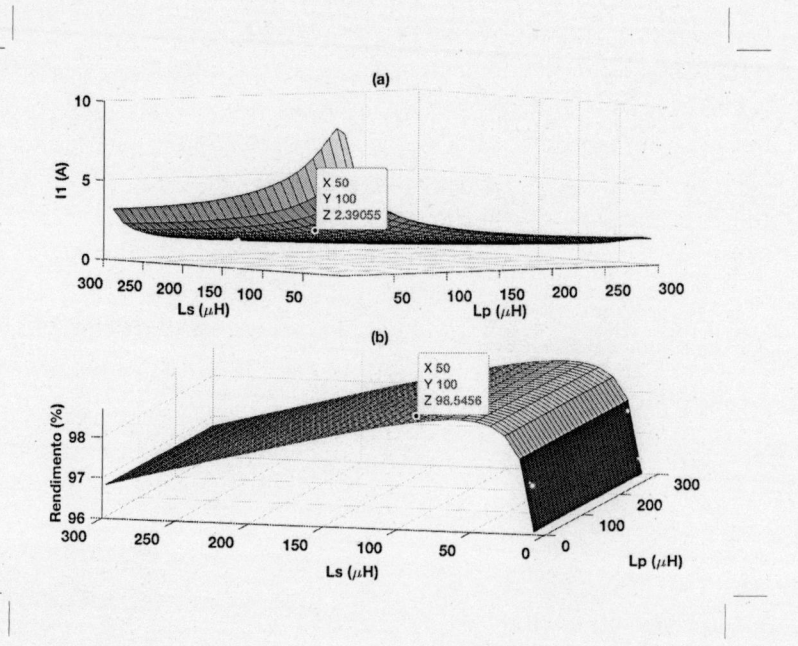

6.8 Conclusões do capítulo

A topologia PP apresenta características muito similares à topologia PS. Em geral, sua máxima potência também está posicionada numa frequência ligeiramente superior a ω_r, sendo observado o mesmo comportamento para o rendimento do circuito.

A compensação paralela no secundário traz desafios maiores na seleção de compensadores para o primário, pois além de refletir parcela imaginária, C_p também é dependente da indutância mútua. Ou seja, variações no fator de acoplamento comprometem a compensação do sistema, tornando-o predominantemente capacitivo. Outro fato importante é que este tipo de compensação no secundário implica em acoplar na saída cargas resistivas ou com característica de fonte de corrente, sendo importante o controle de tensão sobre o compensador secundário mediante operação a vazio.

A compensação paralela no primário traz a importante característica de estabilidade mediante a perda de acoplamento, dispensando controle de corrente para situação em que o secundário seja removido. Contudo, para variações de frequência, a corrente de entrada necessita de controle preciso, afinal, ela pode atingir valores impraticáveis, danificando fonte e circuito. Vale salientar que o problema de instabilidade em virtude das variações de frequência não se soluciona com a remoção da bifurcação e a característica de entrada desta topologia impõe que o circuito seja alimentado por uma fonte de corrente, o que naturalmente implica em alguma ação de controle sobre este parâmetro.

Capítulo 7

FENÔMENO DE BIFURCAÇÃO

Conforme observado nos capítulos anteriores, a combinação dos elementos do circuito pode conduzir à presença de múltiplas ressonâncias. Esse comportamento é denominado fenômeno de bifurcação e ficou claramente confirmado observando-se as raízes da parte imaginária de $\overrightarrow{Z_{eq}}$.

Nas topologias com compensação série no primário, concluiu-se que o fenômeno de bifurcação leva a picos de potência em frequências vizinhas à frequência de projeto (ω_0). Já nas topologias com compensação paralela no primário, muito embora a presença de bifurcação possa ser utilizada de forma favorável para a estabilização da corrente de entrada frente a variações de frequência, dependendo da situação, picos de potência podem ser atingidos em frequências diferentes de ω_0, resultando no comprometimento do circuito e da fonte de alimentação.

Resumidamente, do ponto de vista prático, a presença de múltiplas ressonâncias tem relação direta com a instabilidade do circuito. Mesmo em situações de operação com frequência constante, é sempre sensato relembrarmos que variações paramétricas podem modificar a frequência de ressonância do circuito. Ou seja, o circuito passa a operar como se estivesse em uma frequência diferente da "projetada", provocando o deslocamento do ponto de operação, podendo, inclusive, resultar em tensões e correntes incapazes de serem suportadas pelos elementos do circuito.

7.1 Análise do fenômeno de bifurcação com base no fator de qualidade

Sendo assim, a menos que o fenômeno de bifurcação seja requerido por uma questão prática justificável e que seja devidamente considerado no projeto e na seleção de componentes, o melhor a ser feito é remover a presença das múltiplas ressonâncias, garantindo que $\mathfrak{I}\left(\overline{Z_{eq}}\right)$ tenha uma única raiz. Partindo-se dessa premissa, nos capítulos anteriores, a minimização ou a extinção da bifurcação foi realizada por meio da variação de alguns parâmetros dos circuitos de compensação. Os parâmetros considerados, a saber, indutância secundária $\left(L_s\right)$, fator de acoplamento $\left(k\right)$ e resistência de carga $\left(R_c\right)$, possuem a característica peculiar de interferirem nos fatores de qualidade primário $\left(Q_p\right)$ e secundário $\left(Q_s\right)$.

Sobre os parâmetros utilizados, é interessante observarmos que dois deles, k e R_c, estão muito mais sujeitos a variações em aplicações práticas do que L_s. Não que a indutância secundária não esteja sujeita a tolerâncias em seus valores durante o processo de manufatura ou desgastes naturais ao longo do tempo, contudo, em termos práticos, o valor de L_s, uma vez escolhido e validado, pode ser considerado constante durante a operação do sistema. Em se tratando de k, visto que o grande apelo de sistemas de transferência sem fio esteja concentrado na flexibilidade de enviar potência sem contato físico entre primário e secundário, a distância e o desalinhamento entre as bobinas é algo esperado, interferindo diretamente no fator de acoplamento e consequentemente na indutância mútua. Com respeito a R_c, geralmente as metodologias de projeto adotam como parâmetros a potência e a tensão de saída, sugerindo que a resistência de carga será constante. Embora possível, além do controle de tensão, essa suposição dependerá de uma carga resistiva fixa, fato esse que não se alinha com boa parte das situações práticas.

Em linhas gerais, o fator de qualidade $\left(Q\right)$ dos estágios transmissor e receptor pode ser calculado conforme (74), em que P_r corresponde à potência reativa e P_a à potência ativa.

$$Q = \frac{P_r\left(VA_r\right)}{P_a\left(W\right)} \tag{74}$$

Se calcularmos P_r e P_a em função dos parâmetros elétricos e dos elementos de cada topologia, Q_p e Q_s passam a ser representados conforme (75) a (78), sendo que (75) e (76) referem-se aos fatores de qualidade primário e secundário para as topologias SS e PS, enquanto (77) e (78) correspondem aos fatores de qualidade para as topologias SP e PP.

$$Q_p^{SS,PS} = \frac{R_c L_p}{\omega_0 M^2} \tag{75}$$

$$Q_s^{SS,PS} = \frac{\omega_0 L_s}{R_c} \tag{76}$$

$$Q_p^{SP,PP} = \frac{L_s^2 L_p \omega_0}{R_c M^2} \tag{77}$$

$$Q_s^{SP,PP} = \frac{R_c}{\omega_0 L_s} \tag{78}$$

Uma vez que os parâmetros que determinam a presença de bifurcação são os mesmos utilizados no cálculo dos fatores de qualidade, torna-se interessante analisar a estabilidade do circuito para diferentes valores de Q_p e Q_s. Para tanto, basta escolher quais variáveis serão consideradas constantes, enquanto uma delas variará para obtenção de diferentes valores de Q_p e Q_s.

7.2 Análise gráfica para seleção de fatores de qualidade

Utilizando-se a metodologia sugerida, na Figura 54, ficam evidentes os valores de Q_p e Q_s que livram a topologia SS da bifurcação. Dois intervalos de frequência foram escolhidos: o primeiro, na Figura

54(a), é referente à uma ampla faixa de frequências; o segundo, na Figura 54(b), refere-se à uma faixa mais próxima daquilo que seria relevante para aplicações práticas com ressonância em 100 kHz. Mais especificamente, para sistemas fracamente acoplados, a região marcada por asteriscos é a região de interesse para se garantir a estabilidade do sistema. As Figuras 55 a 57 ilustram os resultados de bifurcação para as demais topologias, valendo-se pontuar que estes gráficos são peculiares para diferentes faixas de frequência.

7.3 Conclusões do capítulo

A proposta analítica para identificar a presença de bifurcação nas topologias clássicas de compensação foi apresentada em Wang et al. (2004), sendo esse um estudo amplamente divulgado e muito reconhecido. Contudo, as simplificações no modelo matemático conduzem a inequações até certo ponto imprecisas e limitadas. Portanto, neste capítulo, procuramos evidenciar que os fatores de qualidade apresentam relação direta com a presença de múltiplas ressonâncias e que a investigação criteriosa, ponto a ponto, pode ser o caminho mais seguro para se escolher ou validar um circuito livre de bifurcação. Em Fernandes et al. (2015), o autor propôs uma análise preliminar muito similar à apresentada neste livro. Contudo, a partir dos resultados, foram definidos polinômios numa tentativa de apresentar a solução analítica para identificar a presença ou não de bifurcação.

Figura 54

Condição de bifurcação para a topologia SS. Faixas de frequência: (a) $\left(0,01\omega_0 < \omega_0 < 2\omega_0\right)$ *e (b)* $\left(0,7\omega_0 < \omega_0 < 1,3\omega_0\right)$

(a)

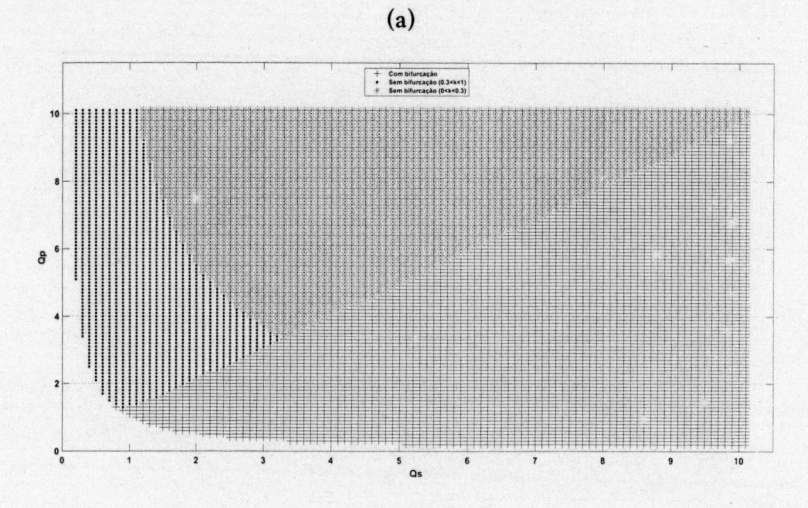

(b)

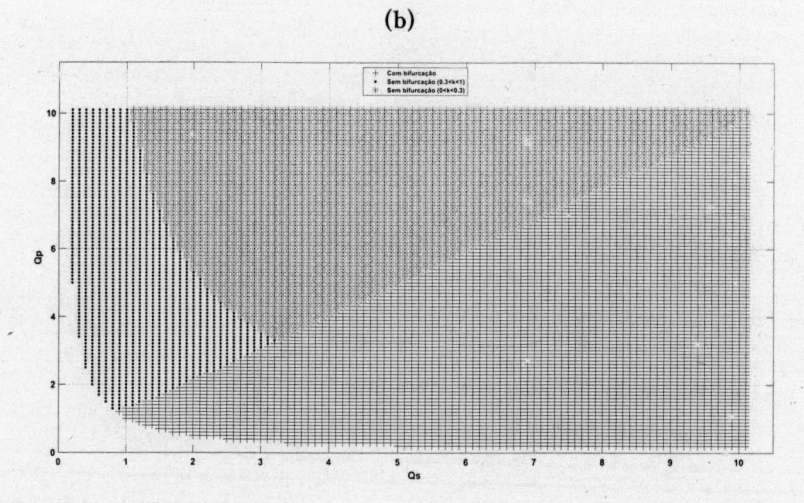

Nota. Elaborada pelo autor.

Figura 55

Condição de bifurcação para a topologia SP. Faixas de frequência: (a) $\left(0,01\omega_0 < \omega_0 < 2\omega_0\right)$ *e (b)* $\left(0,7\omega_0 < \omega_0 < 1,3\omega_0\right)$

(a)

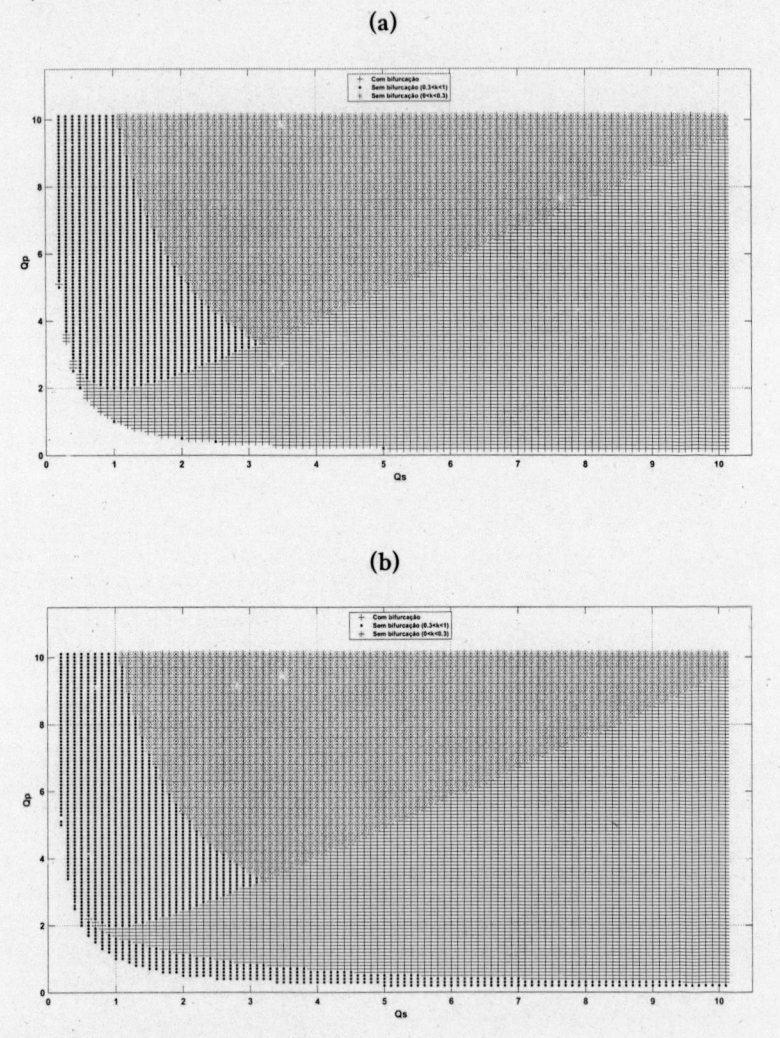

(b)

Nota. Elaborada pelo autor.

Figura 56

Condição de bifurcação para a topologia PS. Faixas de frequência: (a) $\left(0,01\omega_0 < \omega_0 < 2\omega_0\right)$ *e (b)* $\left(0,7\omega_0 < \omega_0 < 1,3\omega_0\right)$

(a)

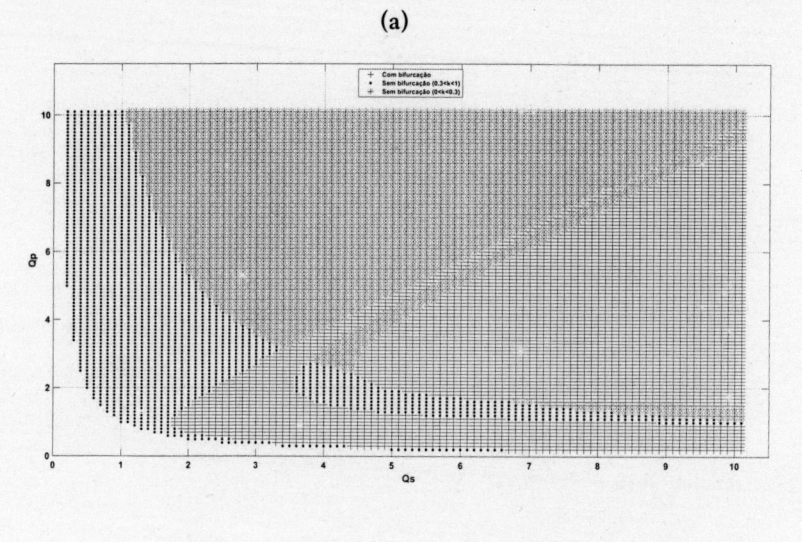

(b)

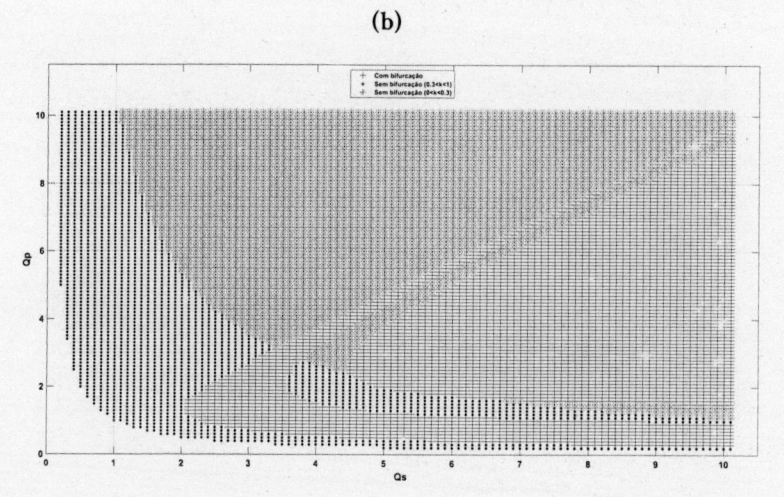

Nota. Elaborada pelo autor.

Figura 57

Condição de bifurcação para a topologia PP. Faixas de frequência: (a) $\left(0,01\omega_0 < \omega_0 < 2\omega_0\right)$
e (b) $\left(0,7\omega_0 < \omega_0 < 1,3\omega_0\right)$

(a)

(b)

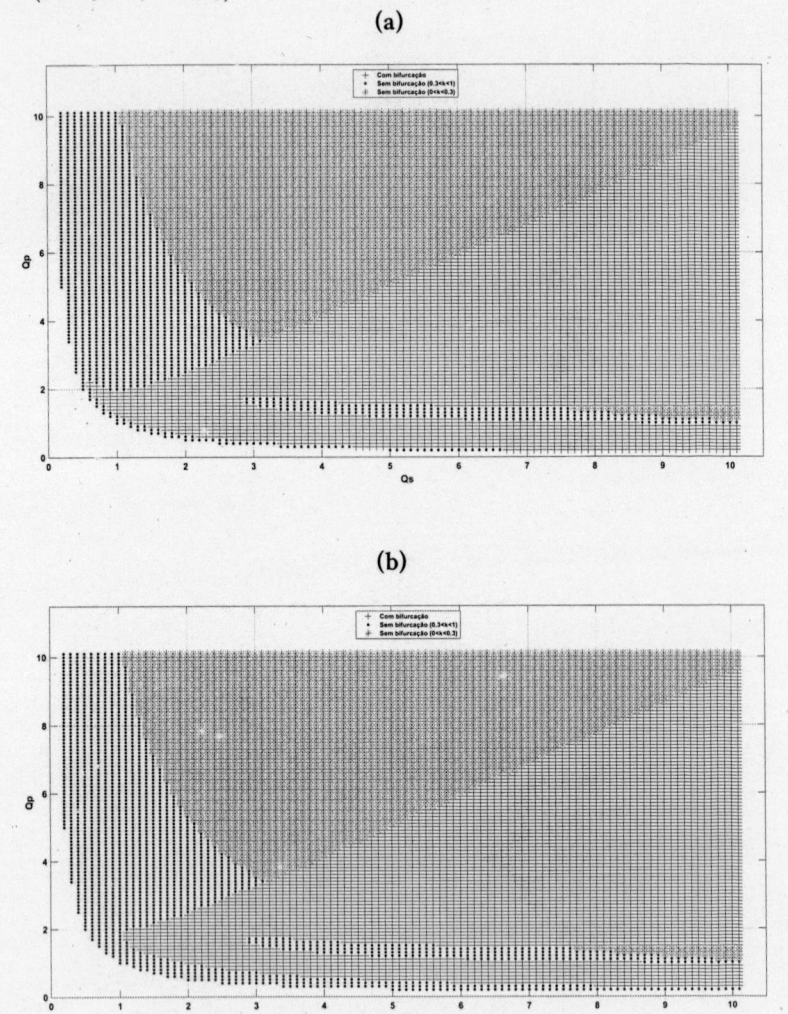

Nota. Elaborada pelo autor.

Capítulo 8

ANÁLISE DE SENSIBILIDADE NAS TOPOLOGIAS CLÁSSICAS

Nos capítulos anteriores, investigamos cuidadosamente a influência das variações da frequência e do fator de acoplamento em determinados parâmetros elétricos. Pudemos observar, inclusive, que tais variações podem ser significativas a ponto de conduzirem o circuito à condição de instabilidade, o que caracterizamos como fenômeno de bifurcação.

Na prática, muito embora possamos assumir o controle de algumas variáveis, é fundamental considerarmos que uma série de variações paramétricas estão presentes nos circuitos, e, quando se trata de circuitos ressonantes, essas variações podem resultar em impacto considerável no ponto de operação. A princípio, podemos assumir que todos os componentes presentes nos circuitos possuem tolerâncias em seus valores. Por exemplo, capacitores comerciais apresentam tolerâncias de fabricação entre 5% e 10%. No caso de indutores, por melhor que seja o controle de fabricação, as tolerâncias de fábrica são ainda maiores, podendo chegar a 20%.

Além disso, é importante mencionar que os componentes também apresentam variação de parâmetros nominais em função da temperatura de operação. Ou seja, tanto capacitores quanto indutores sofrem variação em seus valores nominais em função da temperatura que circula através deles. Isso sem contar as resistências intrínsecas que apresentam coeficientes de temperatura positivos, ou seja, elevam seus valores à medida que se aquecem. Em resumo, todos os elementos do circuito ressonante, incluindo a frequência de operação e o fator de acoplamento, podem sofrer variações e impactar no ponto de operação.

8.1 Análise estatística aplicada à topologia SS

Para fins de análise, vamos considerar variações aleatórias, normalmente distribuídas em torno do ponto nominal de cada grandeza e vamos analisar o efeito dessas variações na potência de saída das topologias. A primeira análise será realizada para a topologia SS, considerando os parâmetros nominais, conforme projeto realizado na seção 3.7. Para o projeto proposto, Q_p e Q_s valem, respectivamente, 4,7 e 3,4, garantindo, de acordo com a Figura 54, que o circuito está livre de bifurcação. Prosseguindo com as análises, a Figura 58 apresenta o comportamento da potência de saída na topologia SS, supondo variações de $\pm 5\%$ em todas as grandezas.

A inspeção visual da Figura 58 nos permite concluir que a frequência e o fator de acoplamento parecem ter maior correlação com as variações da potência de saída, afinal, ambas as variáveis apresentam leve tendência de redução da potência transferida à medida que seus valores aumentam. É interessante observar que tanto a indutância secundária quanto a capacitância secundária, apesar de não apresentarem tendência nítida de variação da potência de saída mediante a variação de seus valores, demonstram que, para valores mais baixos, a potência torna-se mais susceptível às oscilações de outras variáveis. Contudo, além de ω_0 e k, as demais variáveis indicam não terem forte correlação com as variações de potência.

Embora existam outras maneiras, uma forma simples de quantificar a correlação existente entre variáveis é utilizando o coeficiente de Pearson (r). Considerando $cov(P_{out}, x)$ a covariância entre a potência de saída e a variável em análise, e $\sigma_{P_{out}}^2$ e σ_x^2 as respectivas variâncias dessas variáveis, o coeficiente de Pearson pode ser definido conforme (79).

$$r^{P_{out},x} = \frac{cov(P_{out}, x)}{\sqrt{\sigma_{P_{out}}^2 \, \sigma_x^2}} \tag{79}$$

A Figura 59 apresenta o coeficiente de correlação de Pearson para as situações simuladas na Figura 58. Conforme esperado, ω_0 e k apresentaram coeficientes bastante significativos em comparação com as demais variáveis. Chama atenção também a correlação moderada entre a potência de saída e as indutâncias primária e secundária. Outro fato interessante é que, para essas variáveis de maior correlação, os coeficientes obtidos são negativos, confirmando a tendência de redução na potência de saída à medida que os valores dessas variáveis aumentam.

Figura 58

Comportamento da potência de saída considerando tolerância de 5% nas variáveis da topologia SS

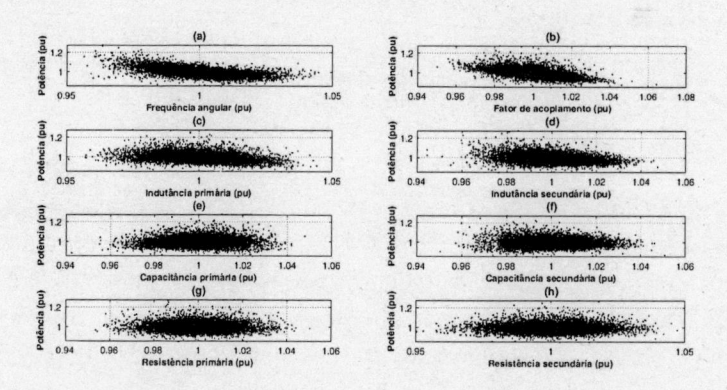

Nota. Elaborada pelo autor.

Figura 59

Coeficiente de correlação de Pearson entre a potência de saída e as demais variáveis da topologia SS

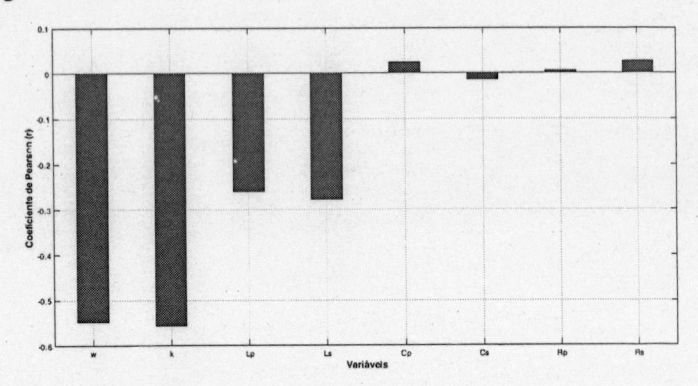

Nota. Elaborada pelo autor.

8.2 Análise estatística aplicada à topologia SP

Para a topologia SP, vamos considerar a condição de projeto obtida na seção 4.7. Neste caso, $Q_p = 9,4$ e $Q_s = 1,7$, ou seja, conforme Figura 55, o circuito opera livre de bifurcação. O comportamento da potência de saída mediante oscilações de $\pm 5\%$ nas demais variáveis pode ser observado na Figura 60. Fica evidente que a tolerância nas variáveis pode resultar em variações m mais acentuadas na potência de saída. Observando-se a Figura 60(a), é possível prever que o coeficiente de correlação de Pearson apresentará a falsa expectativa que a frequência não interfere significativamente na potência transferida. O que ocorre neste caso é que no intervalo considerado, 0,95 pu e 1,05 pu, a tendência da potência é apresentar certa não linearidade e consequente simetria em relação ao valor nominal de ω_0, o que mascara sua influência sobre a variável em estudo. Por outro lado, fica evidente que o coeficiee de acoplamento (Figura 60(b)) interfere de forma significativa na potência de saída, fato esse confirmado pela correlação de Pearson na Figura 61. Apesar de fracas, as influências inversas das indutâncias podem ser observadas, sendo a primária negativa e a secundária positiva. Quanto às demais variáveis, a correlação de Pearson tende a ser insignificante, porém, é fácil observar que a topologia SP tende a apresentar significativa sensibilidade na potência de saída frente aos desvios paramétricos.

Figura 60

Comportamento da potência de saída considerando tolerância de 5% nas variáveis da topologia SP

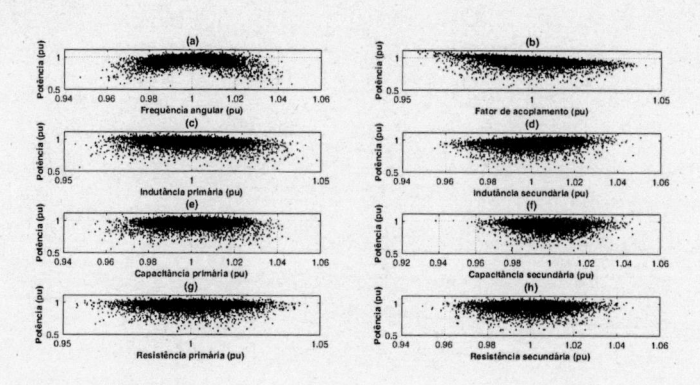

Nota. Elaborada pelo autor.

Figura 61

Coeficiente de correlação de Pearson entre a potência de saída e as demais variáveis da topologia SP

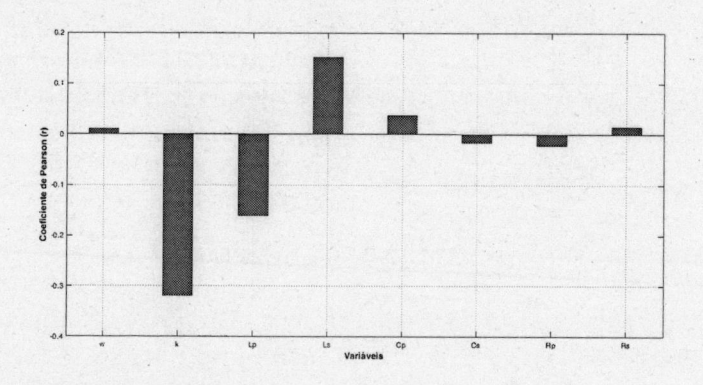

Nota. Elaborada pelo autor.

8.3 Análise estatística aplicada à topologia PS

Utilizando os dados de projeto apresentados na seção 5.7, vamos realizar a análise de sensibilidade para a potência de saída na topologia PS. Neste caso, o sistema também está livre de bifurcação, apresentando fatores de qualidade $Q_p = 6,3$ e $Q_s = 2,5$. A Figura 61 apresenta as nuvens de dispersão mediante tolerância de $\pm 5\%$ em todas as variáveis. De imediato, comparando-a à topologia SP, fica evidente que a potência de saída na topologia PS é bem menos sensível aos desvios paramétricos considerados. A inspeção visual da Figura 62 nos permite sugerir correlação mais acentuada entre potência de saída e ω_0 e k. Pelo menos em comparação com as demais topologias ressonantes, há também maior percepção de correlação com as indutâncias primária e secundária. Contudo, é sempre bomealizar qualquer inspeção visual com cautela, pois essa ação pode não conduzir a uma conclusão ata, afinal, a dispersão dos valores aleatórios pode dificultar a avaliação isolada de uma variável.

Sendo assim, conforme se observa na Figura 63, obtém-se r a partir dos dados presentes na Figura 62. Conclui-se que, para o intervalo analisado, a potência de saída apresenta forte correlação linear positiva com o fator de acoplamento e com a indutância secundária. É razoável mencionar a correlação moderada com a frequência de ressonância e a indutânciprimária, valendo destacar que essa última possui coeficiente negativo, indicando que seu aumento tende a reduzir a potência transferida. Finalmente, ainda que visivelmente fraca, a correlação da capacitância secundária deve ser mencionada, destacando sua tênue influência positiva sobre a potência de saída.

8.4 Análise estatística aplicada à topologia PP

Finalmente, vamos analisar a sensibilidade para a topologia PP. Vamos utilizar os dados de projeto obtidos na seção 6.7, que resultam em $Q_p = 6,2$ e $Q_s = 2,6$ e garantem que o sistema irá operar livre de bifurcação. As nuvens de dispersão para tolerância de $\pm 5\%$ são observadas na Figura 64 e os coeficientes de correlação de Pearson estão apresentados na Figura 65.

Tanto visualmente, na Figura 64, quanto analiticamente, na Figura 65, confirma-se que a potência de saída na topologia PP tem forte correlação com o fator de acoplamento (k). É ainda importante identificar a moderada influência que os coeficientesa indutância primária e da capacitância secundária exercem sobre a potência de saída, sendo que o aumento da indutância primária tende a reduzir a potência transferida enquanto a capacitância secundária tende a aumentá-la.

Figura 62

Comportamento da potência de saída considerando tolerância de 5% nas variáveis da topologia PS

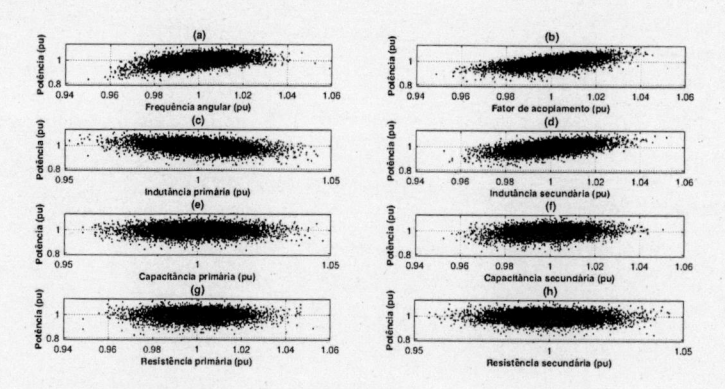

Nota. Elaborada pelo autor.

Figura 63

Coeficiente de correlação de Pearson entre a potência de saída e as demais variáveis da topologia PS

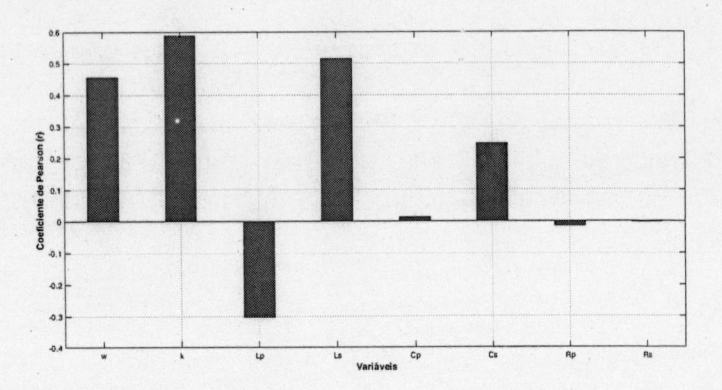

Nota. Elaborada pelo autor.

Figura 64

Comportamento da potência de saída considerando tolerância de 5% nas variáveis da topologia PP

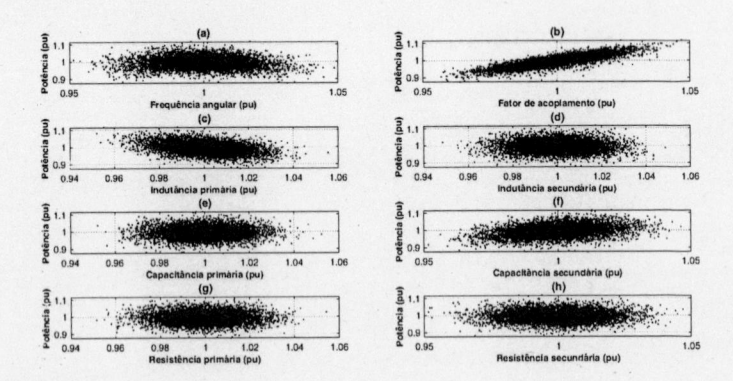

Nota. Elaborada pelo autor.

Figura 65

Coeficiente de correlação de Pearson entre a potência de saída e as demais variáveis da topologia PP

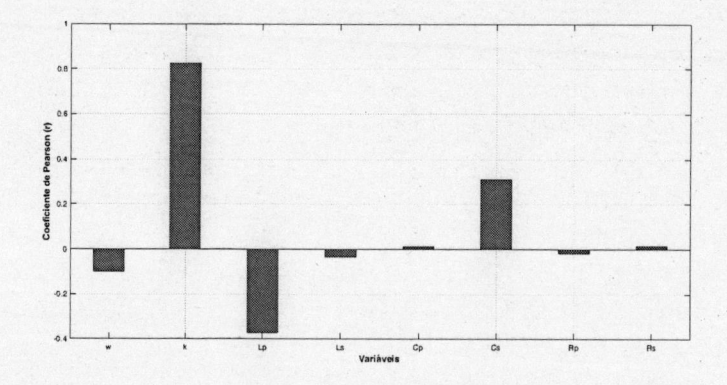

Nota. Elaborada pelo autor.

8.5 Conclusões do capítulo

Por meio dos resultados apresentados, reafirmou-se que as topologias com ressonância paralela no primário (PS e PP) tendem a aumentar a transferência de potência com o aumento do fator de acoplamento. Essa conclusão parece óbvia e já estava evidente entre os capítulos 3 e 6, visualmente confirmadas nas Figuras 16(c), 28(c), 37(c) e 49(c).

Referente às topologias com ressonância série no primário (SS e SP), conforme esperado, verificou-se que os coeficientes de correlação foram negativos para o fator de acoplamento. Ou seja, nessas topologias, o fator de acoplamento tende a dificultar a transferência de potência à medida que seus valores aumentam. Contudo, ainda referente às topologias SS e SP, algo importante a se acrescentar diz respeito à fraca influência individual dos parâmetros dos circuitos na potência transferida. Em resumo, os elementos do circuito apresentaram coeficientes de correlação inferiores a 0,3 para a topologia SS e inferiores a 0,2 para a topologia SP.

Porém, apesar da fraca correlação individual destacada no parágrafo anterior, os desvios paramétricos podem conduzir a pontos de operação bastante divergentes do projetado. Observando as nuvens de dados, fica evidente que os desvios paramétricos conduzem a oscilações significativas na potência de saída. A propagação de erros contabilizou variações na potência de saída de até 20% para as topologias SS e PS (Figura 58 e Figura 62), sendo que na topologia SS, as variações de potência mais significativas foram positivas (+20%), enquanto na topologia PS, foram negativas (-20%). Conforme Figura 60, a topologia SP apresentou a visível tendência de reduzir a potência transferida, podendo chegar a reduções superiores a 40%. Por outro lado, a topologia que se demonstrou mais estável foi a PP, resultando em variações na potência de saída quase sempre inferiores a 10% (Figura 64).

Mudando o foco para a frequência de operação e levando em conta as análises dos capítulos 3 a 6 (Figuras 22(c), 31(c), 42(c) e 52(c)), espera-se que haja redução da potência de saída para frequências diferentes da nominal de projeto. Contudo, as análises deste capítulo permitem concluir que as variações em outros parâmetros descaracterizaram em parte aquilo que se esperava para a influência da frequência sobre a potência de saída. O exemplo mais claro foi a topologia PP, pois, para os dados de frequência, além de se confirmar uma baixíssima correlação com a potência de saída (Figura 65), identificou-se ampla dispersão dos dados (Figura 64(a)) a ponto de induzir a sensação de que a potência transferida não depende em nada da frequência de operação.

Capítulo 9

SUGESTÃO DE SELEÇÃO OTIMIZADA DE PARÂMETROS DE PROJETO

Visando facilitar o projeto básico de sistemas de transferência sem fio, neste capítulo, vamos estruturar um pseudocódigo com uma sugestão de algoritmo para seleção das indutâncias primária e secundária. Assim como foi realizado nos capítulos 3 a 6, o processo de seleção codificado se baseará na tensão e na potência de saída e na faixa de tensão de entrada aceitável para o projeto. Contudo, é importante ressaltar que nada impede de o projeto se basear em outras variáveis do sistema, sendo, pois, fundamental que o projetista tenha domínio da modelagem de cada topologia, o que permitirá a manipulação das variáveis da forma que for necessária.

9.1 Seleção de pares de indutâncias (L_p, L_s)

Na sequência, apresenta-se o Algoritmo 1 para seleção de indutâncias considerando-se uma topologia de compensação SP. Para outras topologias, o algoritmo apresentado pode ser facilmente adaptado, levando-se em consideração que o cálculo do compensador primário deverá ser alterado de acordo com o tipo de compensação escolhido. Com respeito à etapa 5, $\overline{I_s}$ está adequado para representar genericamente topologias com compensação paralela no secundário, enquanto $\overline{Z_p}$ representa genericamente a impedância total para topologias com compensação série no primário. No caso de compensações série no secundário, a corrente na bobina secundária passa a ser a própria corrente de carga, ou seja, $\overline{I_s} \leftarrow \overline{I_{Rc}}$. No caso de compensações paralela no primário, $\overline{Z_p}$ passa a depender somente da impedância refletida e dos parâmetros da bobina primária, oueja, $\overline{Z_p} \leftarrow f\left(L_p, R_p, \omega_0 \right)$.

Para diversos cálculos e análises de desempenho, é comum que o projetista necessite da impedância equivalente de Thevenin do circuito, ou seja, a impedância equivalente vista a partir da fonte. Neste caso, para topologias com compensação série no primário, este valor é idêntico à $\overrightarrow{Z}_p$. No caso de compensações paralelas no primário, é importante salientar que, noentido físico estrito, o circuito será alimentado por fonte de corrente, conduzindo a uma impedância equivalente de Norton, resultante do paralelismo entre $\overline{Z}_p$ e a reatância capacitiva do compensador primário (C_p).

Algoritmo 1

Pseudocódigo de alto-nível para determinação dos parâmetros de um circuito com compensação SP

---

1. Dados de entrada

Variáveis: **numéricas, caracteres, inteiros**; {declaração de variáveis}

leia (f_0 , V_s, P_s, k); {dados de entrada}

leia (L_{min}, L_{max}); {limites permitidos às indutâncias das bobinas}

$\omega_0 \leftarrow 2\pi f$; {cálculo da frequência angular}

$R_s \leftarrow \dfrac{V_s^2}{P_s}$; {cálculo da resistência de carga}

2. Criação de matriz de indutâncias

$[L_p, L_s] \leftarrow$ MALHA (L_{min}, L_{max}); {criação de matrizes para combinação de indutâncias}

3. Dados de entrada a partir de matriz de indutâncias

$M \leftarrow k\sqrt{L_p L_s}$; {cálculo de das possibilidades de indutância mútua}

$R_p \leftarrow 1000 L_p$; {estimativa de resistência da bobina primária a partir da indutância}

$R_s \leftarrow 1000 L_s$; {estimativa de resistência da bobina secundária a partir da indutância}

4. Parâmetros de compensação para as combinações de Lp e Ls

$C_p \leftarrow f\left(L_p, L_s, \omega_0, M\right)$; {cálculo da capacitância primária de compensação}

$C_s \leftarrow f(L_s, \omega_0)$; {cálculo da capacitância secundária de compensação}

5. Parâmetros elétricos para as combinações de Lp e Ls

$\overrightarrow{I_{Rc}} \leftarrow \dfrac{P_{out}}{V_{out}}$; {cálculo da corrente na carga}

$\overrightarrow{I_{Cs}} \leftarrow j\omega_0 C_s V_{out}$; {cálculo da corrente em Cs}

$\overrightarrow{I_s} \leftarrow \overrightarrow{I_{Rc}} + \overrightarrow{I_{Cs}}$; {cálculo da corrente na bobina secundária}

$\overrightarrow{I_p} \leftarrow f(L_s, R_c, R_s, I_2, \omega_0, M)$; {cálculo da corrente na bobina primária}

$\overrightarrow{Z_r} \leftarrow f(L_s, R_c, R_s, I_2, \omega_0, M)$; {cálculo da impedância refletida}

$\overrightarrow{Z_p} \leftarrow f(L_p, R_p, C_p, \omega_0)$; {cálculo da impedância da bobina primária com compensador}

$\overrightarrow{V_p} \leftarrow \overrightarrow{Z_{tot}} \times \overrightarrow{I_p}$; {cálculo da impedância total para cálculo de V_p}

$\overrightarrow{V_p} \leftarrow \overrightarrow{Z_{tot}} \times \overrightarrow{I_p}$; {cálculo da tensão primária $- V_p$}

$|V_p| \leftarrow$ ABSOLUTO $(\overrightarrow{V_p})$; {valor absoluto da tensão primária $- V_p$}

$n \leftarrow f\left(R_p, R_s, R_c, |\overrightarrow{I_p}|, |\overrightarrow{I_s}|, |\overrightarrow{I_{Rc}}|\right)$; {cálculo do rendimento}

6. Plotagens

superfície $(L_p, L_s, |V_p|)$; {gráfico 1 – visualização de V_p em função das indutâncias}

superfície (L_p, L_s, n); {gráfico 2 – visualização de rendimento em função das indutâncias}

Nota. Elaborada pelo autor.

9.2. Algoritmo evolutivo aplicado à seleção de valores imizados de indutâncias (L_p, L_s)

Visando a seleção de parâmets otimizados para as topologias clássicas de transferência de energia sem fio, vamos apresentar uma proposta de meta-heurística desenvolvida a partir do algoritmo de Evolução Diferencial (ED). A ED é baseada no processo de evolução das espécies, que consiste em gerar uma população aleatória inicial, mutar e cruzar características entre os indivíduos e selecionar os melhores indivíduos ao final de cada geração (Storn & Price, 1997).

Primeiramente, vamos considerar uma população inicial, composta por NP vetores ou indivíduos cujos parâmetros foram escolhidos aleatoriamente ($pop(i,1)$ e $pop(i,2)$), respeitando a restrição de estarem inseridos no intervalo entre os limites mínimo e máximo (L_{min}, L_{max}) das indutâncias primária e secundária. A população é criada a partir de uma distribuição de probabilidade uniforme e manterá fixo o número de indivíduos ao longo do processo de otimização.

Seguindo a metodologia de projeto proposta neste livro, optamos por exigir que os indivíduos da população atendam is critérios principais. O primeiro deles diz respeito à tensão de entrada. Se qualqr dos indivíduos, para as condições de saída impostas, levar a uma tensão de entrada fora dos limites previamente estabelecidos, ele deverá ser reprovado e não fará parte da população inicial. O segundo critério verifica se qualquer dos indivíduos da população conduz o circuito ao fenômeno de bifurcação. Se isso ocorrer, uma nova solução aleatória deve ser proposta. A Figura 66 é um exemplo ilustrativo para representar a população inicial. Observe que estão presentes NP indivíduos, todos diferentes entre si, com características (ou soluções para L_p ou L_s) identificadas pelo índice j.

Figura 66

Ilustração da suposta população inicial

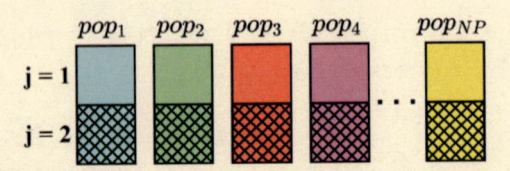

Nota. Elaborada pelo autor.

Partindo da população inicial e, posteriormente, para a sequência das gerações, a cada passo i, o algoritmo escolherá aleatoriamente três indivíduos aqui denominados X_1, X_2 e X_3. Um quarto indivíduo, denominado alvo, corresponde a um vetor de índice i, que será avaliado naquela iterção. Ressalta-se que o índice i partirá de 1 até NP, ou seja, cada indivíduo da população terá a oportunidade de se tornar alvo até que a geração seja concluída. Resumindo, para cada geração, o vetor alvo e os vetores X_1, X_2 e X_3 são selecionados para fazerem parte das etapas de mutação-cruzamento e seleção. Como ilustrado na Figura 67, os quatro indivíduos devem ser distintos entre si, cumprindo a condição $X_1 \neq X_2 \neq X_3 \neq pop_i$.

Figura 67

Indivíduos selecionados randomicamente

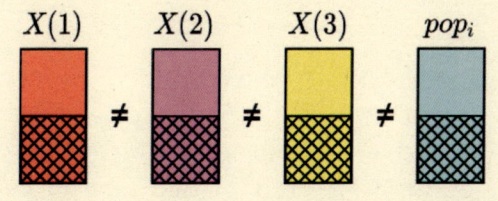

Nota. Elaborada pelo autor.

No contexto da computação evolutiva, a mutação pode ser definida como uma mudança ou perturbação por meio de um elemento aleatório (Storn & Price, 1997). Em uma geração G, a partir dos três indivíduos selecionados (X_1, X_2 e X_3), a ED cria um vetor de parâmetros mutados (V) cujo elemento aleatório de perturbação é controlado. A operação denominada mutação diferencial é realizada de acordo com (80).

$$V = X_3 + F\left(X_2 - X_1\right) \tag{80}$$

Conforme se observa em (80), F uma constante real $\in [0,2]$, denominada de fator de mutação. Esse fator é responsável por controlar o tamanho do passo a ser executado, ou seja, orientaa amplitude vetorial. A diferença vetorial ponderada é adicionada ao terceiro indivíduo X_3 conforme ilustrado na Figura 68.

Figura 68

Operação de mutação diferencial

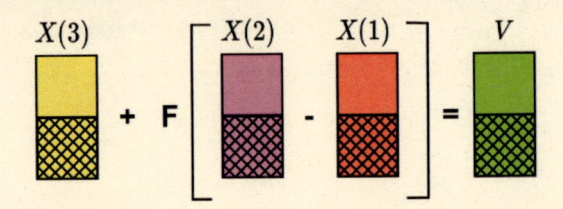

Nota. Elaborada pelo autor.

Como próxima etapa, o vetor ou indivíduo mutado V deve ser combinado com o vetor alvo pop_i, resultando no indivíduo *trial* ou teste. Esse processo é chamado de cruzamento ou combinação e busca diversificar ainda mais o indivíduo anteriormente mutado. Para essa etapa, há uma constante de controle denominada CR $\in [0,1]$ e o procedimento dependerá da seleção de um valor real denominado rand, também pertencente ao intervalo $[0,1]$. Caso rand seja menor que CR, o parâmetro do vetor mutado é selecionado para o indivíduo teste, caso contrário, o parâmetro do vetor alvo é selecionado. A etapa de cruzamento pode ser exemplificada conforme Figura 69.

Figura 69

Ilustração da etapa de cruzamento

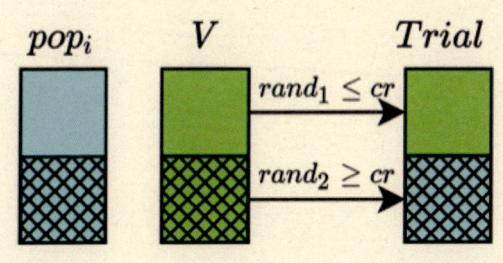

Nota. Elaborada pelo autor.

Após a mutação e o cruzamento dos indivíduos, devemos proceder com a seleção do melhor indivíduo entre os vetores teste e pop_i. Inicialmente, verifica-se se o vetor teste resultante está dentro do intervalo $[L_{min}, L_{max}]$. Respeitada a restrição, o indivíduo teste é mantido, caso contrário, o indivíduo alvo é mantido. Posteriormente, analisa-se o indivíduo segundo os critérios de tensão de entrada e bifurcação. Se o indivíduo teste leva o circuito a tensões de entrada fora da faixa estabelecida para o projeto ou se o fenômeno de bifurcação é observado, ele não poderá sobreviver, ou seja, o vetor alvo será mantido.

Finalmente, caso o indivíduo teste seja aprovado nas restrições anteriores, ele será submetido à função *fitness* para verificar se ele tem desempenho melhor que o vetor alvo. Como exemplo, o rendimento do circuito é definido como função *fitness*. Portanto, verifica-se se o valor obtido com as novas características é maior ou menor do que o valor obtido com as características passadas. Se for superior, o novo indivíduo será mantido, caso contrário, o indivíduo alvo sobreviverá.

Importante observar que uma geração se concretiza após o algoritmo ter sido avaliado NP vezes. Terminada a geração, a nova população está formada e o processo se reinicia a partir dos NP novos parâmetros. Este processo será repetido respeitando o número máximo de gerações permitido ou caso qualquer outro critério de parada seja atingido. A Figura 70 apresenta o fluxograma do algoritmo de ED descrito.

Figura 70

Fluxograma do algoritmo de ED proposto

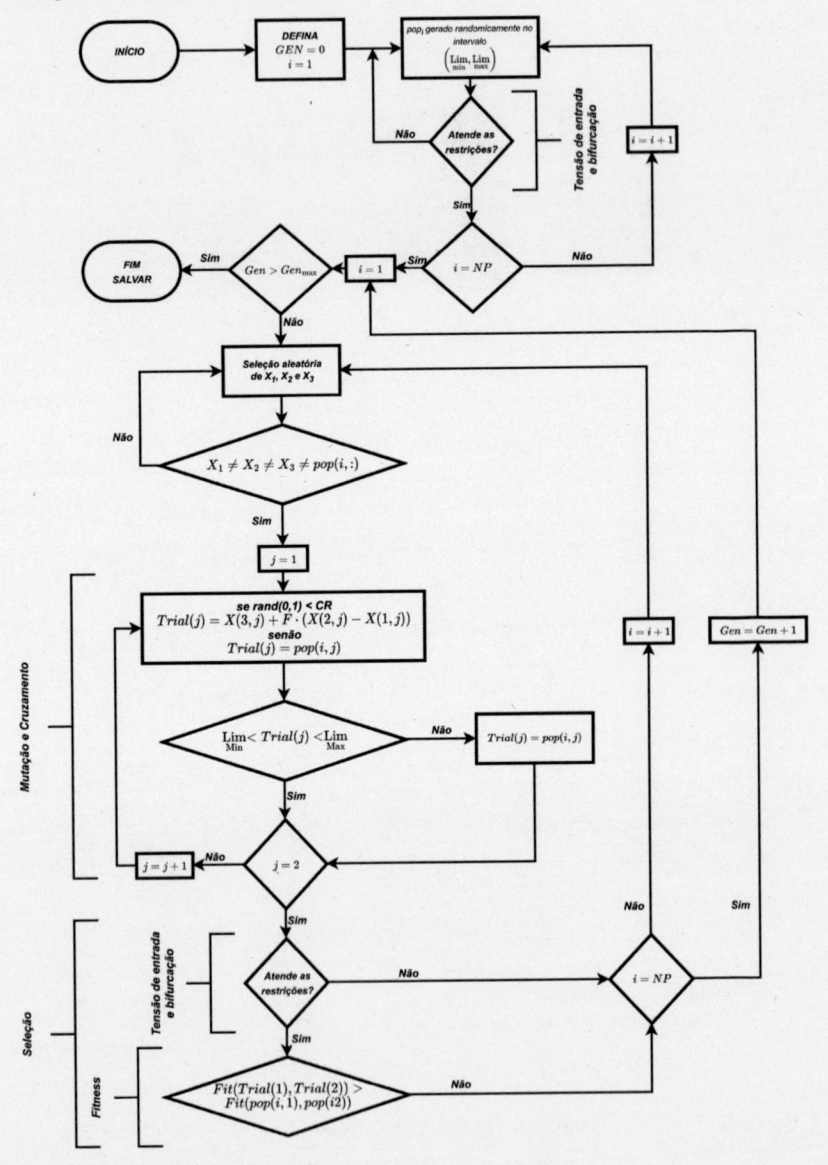

Nota. Elaborada pelo autor.

9.3 Projeto físico das bobinas de acoplamento

Para se alcançar bom rendimento durante a transferência de energia, as equações (35), (53), (61) e (73) evidenciam a necessidade de redução das resistências R_p e R_s. Durante o projeto físico, a forma natural de promover essa redução se dá pelo aumento da seção dos condutores. Contudo, quando lidamos com altas frequências, o aumento da seção deixa de ser a solução direta, uma vez que o efeito pelicular passa a se tornar relevante, contribuindo para o aumento da resistência R_{CA} dos condutores. Esse efeito pode ser confirmado conforme observa na equação (81), sendo, l o comprimento do condutor, r o raio do condutor, δ a profundidade de penetração e ρ à resistividade do material utilizado (Al-Asadi et al., 1998).

$$R_{CA} = \frac{\rho\, l}{\pi\, \delta \left(1 - e^{-\frac{r}{\delta}}\right)\left(2r - \delta\left(1 - e^{-\frac{r}{\delta}}\right)\right)} \tag{81}$$

Para evitarmos o efeito pelicular, a seção do condutor utilizado deve ser obtida a partir da equação (82), sendo, μ_0 a peeabilidade magnética no vácuo. A partir do resultado da equação (82), o condor utilizado deverá ser composto por múltiplos cabos de seção igual ou inferior a 2δ, resultando no que se denomina condutor litz. Sendo assim, o número mínimo de condutores $\left(Nc_{min}\right)$ em paralelo que atenderá os requisitos de projeto pode ser calculado conforme (83), sendo I_{pico} o valor de pico da corrente $\left(A\right)$, J a densidade de corrente $\left(\dfrac{A}{mm^2}\right)$ e S_{litz} a seção do condutor adotado $\left(mm^2\right)$.

$$\delta = \sqrt{\frac{\rho}{\pi f_0 \mu_0}} \tag{82}$$

$$Nc_{min} \geq \frac{I_{pico}}{J \; S_{litz}} \tag{83}$$

Como a permeabilidade magnética é constante, o cálculo das indutâncias passa a ser função exclusiva da geometria das bobinas. Dentre tantas geometrias possíveis, neste livro, vamos destacar aquela que denominamos espiral-planar. Essa geometria é muito aplicada por trazer consigo características importantes, tais como facilidade de implementação e comportamento simétrico e bom fator de acoplamento em situações de desalinhamento.

Considerando uma bobina com a geometria sugerida, o cálculo de sua indutância (L) pode ser obtido a partir das equações (84) a (86), em que N representa o número de espiras, R_{avg} representa o raio médio da bobina, R_{ext} o raio externo da bobina e R_{int} o raio interno da bobina. Para bobinas de forma espiral-planar, as constantes utilizadas em (84) são: $C_1 = 1,00$; $C_2 = 2,46$; $C_3 = 0,00$; $C_4 = 0,20$ (Mohan et al., 1999).

$$L = C_1 \mu_0 N^2 R_{avg} \left[ln\left(\frac{C_2}{\varnothing} \right) + C_3 \varnothing + C_4 \varnothing^2 \right] \tag{84}$$

$$R_{avg} = \frac{R_{ext} + R_{int}}{2} \tag{85}$$

$$\varnothing = \frac{R_{ext} - R_{int}}{R_{ext} + R_{int}} \tag{86}$$

Figura 71

Imagem ilustrativa do tipo de bobina sugerida neste capítulo

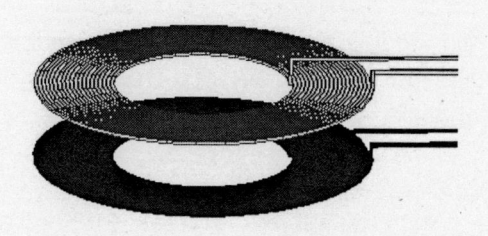

Nota. Elaborada pelo autor.

Uma vez que o processo de construção das bobinas envolve vários passos interdependentes, a fim de facilitar o projeto, apresenta-se uma sugestão de rotina conforme Algoritmo 2.

9.4 Conclusões do capítulo

A Evolução Diferencial (ED) é uma técnica de otimização meta-heurística inspirada no processo de evolução natural das espécies. Funciona a partir da geração de uma população inicial de soluções possíveis e, em seguida, iterativamente mutando, cruzando e selecionando os melhores indivíduos a cada geração. Esse processo de mutação e recombinação é feito por meio da escolha aleatória de três indivíduos da população, produzindo um novo vetor candidato. Uma característica distintiva da ED é a forma como ela usa diferenças entre esses vetores para direcionar a busca, daí o nome Evolução Diferencial. Este método se destaca por sua simplicidade e eficácia, sendo amplamente aplicado em problemas complexos de otimização, incluindo aqueles encontrados em engenharia e ciências aplicadas. Ao final do processo, a ED converte-se na melhor solução possível dentro de um determinado critério de parada ou número de gerações. Em suma, a Evolução Diferencial oferece uma abordagem robusta e eficiente para encontrar soluções otimizadas em uma variedade de domínios de aplicação.

Quanto ao projeto das bobinas, é essencial reduzir as resistências R_p e R_s, sendo a forma comum e intuitiva aumentar a seção dos condutores. Entretanto, em altas frequências, o efeito pelicular interfere, aumentando a resistência dos condutores. Para evitar esse efeito, é proposto o uso de condutor litz, composto por múltiplos cabos. A permeabilidade magnética sendo constante torna as indutâncias função apenas da geometria das bobinas. A geometria espiral-planar é enfatizada pela sua facilidade de implementação e características favoráveis. Para essa geometria, foram apresentadas equações para calcular sua indutância. Por fim, é ilustrada a imagem de uma bobina espiral-planar e sugerida uma rotina para facilitar o projeto.

Algoritmo 2

Pseudocódigo de alto-nível para projeto físico de bobinas de baixa resistência elétrica

1. Dados de entrada e cálculos preliminares

Variáveis: **numéricas, caracteres, inteiros**; {declaração de variáveis}

leia $(^0f, \mu_0, \rho, J, R_{max})$; {dados de entrada}

2. Seleção do condutor com base na frequência de operação

$\delta \leftarrow \sqrt{\dfrac{\rho}{\pi f_0 \mu_0}}$; {cálculo da pfundidade de penetração}

selecione $(S_{litz} \leftarrow (\max(AWG) \leq 2\delta))$; {seleção da máxima seção permitida (mm^2)}

leia $(R_{int}, d_{litz}, r_{litz})$; {dados de entrada: R_{int} - raio interno desejado para a bobina em cm; d_{litz} - diâmetro com isolação do condutor selecionado em cm; r_{litz} - resistência elétrica do condutor selecionado em Ω/cm }

3. Projeto do condutor equivalente ser utilizado

$Nc_{min} \leftarrow arredonda.cima\left(\dfrac{I_{pico}}{J\,S_{litz}}\right)$; {número mínimo de condutores em paralelo para atender a solicitação de corrente}

$$S_{total} \leftarrow Nc_{min} \frac{\pi\, d_{litz}^2}{4}; \text{ \{área total do conjunto de condutores em paralelo\}}$$

$$D_{total} \leftarrow \sqrt{\frac{4\, S_{total}}{\pi}}; \text{ \{diâmetro total do conjunto de condutores em paralelo\}}$$

4. Cálculo da indutância requerida

$R_{ext} \leftarrow R_{int} + D_{total}$; {inicialização de variável}

Enquanto $(-1 < 0)$

$$R_{avg} \leftarrow \frac{R_{ext} + R_{int}}{2}; \text{ \{cálculo do raio médio da bobina\}}$$

$$\varnothing \leftarrow \frac{R_{ext} - R_{int}}{R_{ext} + R_{int}}; \text{ \{constante a ser utilizada no cálculo da indutância\}}$$

$$L_{calc} = C_1 \mu_0 N^2 R_{avg} \left[ln\left(\frac{C_2}{\varnothing}\right) + C_3 \varnothing + C_4 \varnothing^2 \right]; \text{ \{cálculo da indutância da bobina\}}$$

$$R_{calc} = \frac{2\pi\, R_{ext}\, r_{litz}}{Nc_{min}} + R_{calc}; \text{ \{cálculo da resistência da bobina\}}$$

Se $(R_{calc} > R_{max})$ {verifica se resistência da bobina ultrapassa máximo permitido}

$N \leftarrow 1$;

$Nc_{min} \leftarrow Nc_{min} + 1$ {aumenta o número de condutores em paralelo}

Senão

Se $(L_{calc} \geq L_{proj})$ {verifica se indutância da bobina atingiu valor de projeto}

Interrompe-enquanto;

Senão

$N \leftarrow N++$;

$R_{ext} \leftarrow R_{ext} + D_{total}$;

Fim-Se

Fim-Se

Fim-enquanto

Nota. Elaborada pelo autor.

Capítulo 10

EXEMPLO DE PROJETO UTILIZANDO EVOLUÇÃO DIFERENCIAL

Visando demonstrar a aplicação do algoritmo sugerido no Capítulo 9, vamos projetar um sistema de transferência sem fio com topologia de compensação SS. Tomando como referência um projeto com aplicação prática, vamos considerar os parâmetros apresentados na Tabela 6. Ressalta-se que o dimensionamento aqui proposto é parte de um sistema destinado ao carregamento de um banco de baterias de Íon-Lítio com tensão nominal de 36 V e capacidade aproximada de 14 Ah.

Tabela 6

Parâmetros do projeto – topologia SS

Parâmetros	Valor
Tensão secundária - V_s	$42\ V$
Potência de saída - P_s	$1000\ W$
Tensão primária - V_p	$90\ V\ a100\ V$
Faixa de indutância primária - L_p	$1\ H\ a1000\ H$
Faixa de indutância secundária - L_s	$1\ H\ a1000\ H$
Fator de acoplamento - k	0,25
Frequência de ressonância - f_0	79 kHz

Nota. Elaborada pelo autor.

10.1 Seleção otimiza das indutâncias primária e secundária

Para utilização da Evolução Diferencial, definiu-se uma população de 30 indivíduos, gerados inicialmente de forma aleatória, porém, respeitando os limites para L_p, L_s e V_p e restrições mínimas de estabilidade conforme descritas no Capítulo 7. O número máximo de gerações foi definido em 200, com fator F igual a 2 e constante de crossover de 0,9. Definiu-se o rendimento como sendo a função objetivo (*fitness*) a ser otimizada. Os resultados de otimização podem ser observados Figura 72, em que o melhor indivíduo (azul), o pior indivíduo (vermelho) e o rendimento médio são apresentados ao longo das gerações do algoritmo evolutivo. Como se observa, neste exemplo, o rendimento de toda a população evoluiu para o um valor ligeiramente superior a 98%. Para fins de comparação, dentre os indivíduos que compõem a população final, podemos mencionar aqueles cujas tensões de entrada mais se aproximam dos limites superior e inferior, respectivamente:

$$Para100 \ V \rightarrow \left(L_p, L_s\right) = \left(78, 9, 14, 1\right) \ \mu H \tag{87}$$

$$Para90 \ V \rightarrow \left(L_p, L_s\right) = \left(65, 2, 14, 1\right) \ \mu H \tag{88}$$

Figura 72

Resultado da primeira otimização de parâmetros para a topologia SS

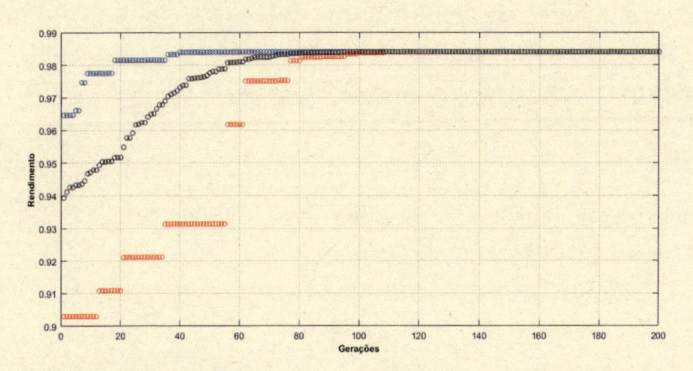

Nota. Elaborada pelo autor.

A fim de avaliar a otimização realizada, o comportamento dos principais parâmetros elétricos pode ser observado na Figura 73. Visto que durante a otimização não houve valorização da restrição de estabilidade, a solução encontrada se deteve na fronteira de não bifurcação (Figura 74, solução 1). Como consequência, apesar de a Figura 73(b) evidenciar a presença de uma única raiz, ou seja, representar uma solução estável, tanto a corrente de entrada (a) quanto a potência de saída (c) apresentam oscilações significativas.

Uma forma de atingir soluções livres de oscilação é valorizar a restrição de estabilidade. Isso significa buscar soluções que estejam inseridas completamente na região de não bifurcação. Inserida a restrição, o novo resultado de otimização pode ser observado na Figura 75. Dada a tensão de entrada de 100 V, o par de indutâncias selecionado para os lados primário e secundário foi de $138,5\ \mu H$ e $8,0\ \mu H$, respectivamente. Após a nova otimização, a posição dos fatores de qualidade pode ser identificada na Figura 74 como solução 2.

Finalmente, o desempenho dos parâmetros elétricos para a nova solução pode ser analisado na Figura 76. Claramente, a nova solução apresenta completa estabilidade, evidenciada não somente pela única raiz apresentada na Figura 76(b), mas também por caracterizar uma

impedância livre de oscilações ao longo da frequência e, consequentemente, pontos bem definidos, próximos à frequência de ressonância,
tanto para a máxima corrente de entrada (Figura 76(a)) quanto para
a máxima potência de saída (Figura 76(c)). Além disso, a curva de
rendimento (Figura 76(d)) também confirma o sucesso do projeto.

Figura 73

Comportamento dos parâmetros elétricos para sistema com parâmetros resultantes da primeira otimização. Compensação SS em 79 kHz, $L_p = 78,9\,\mu H$, $L_s = 14,1\,\mu H$ e $V_p \cong 100V$

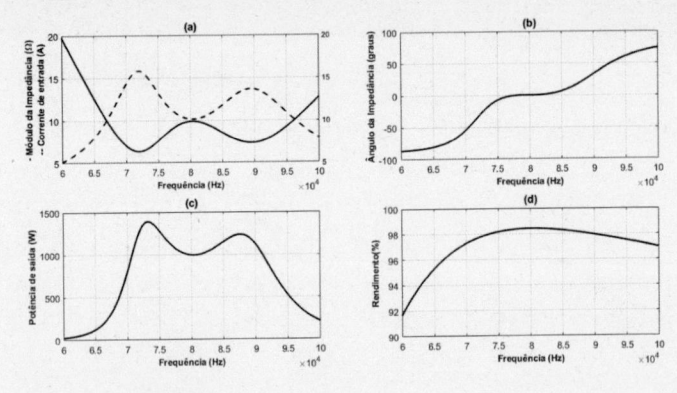

Nota. Elaborada pelo autor.

Figura 74

Posição dos fatores de qualidade (Q_p e Q_s) para as soluções otimizadas

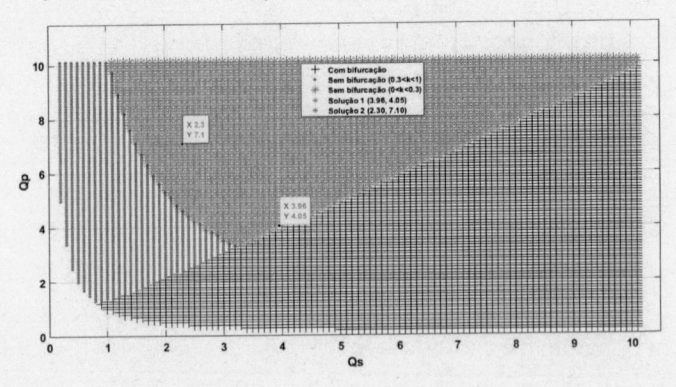

Nota. Elaborada pelo autor.

Figura 75

Resultado da segunda otimização de parâmetros para a topologia SS com valorização da restrição de estabilidade

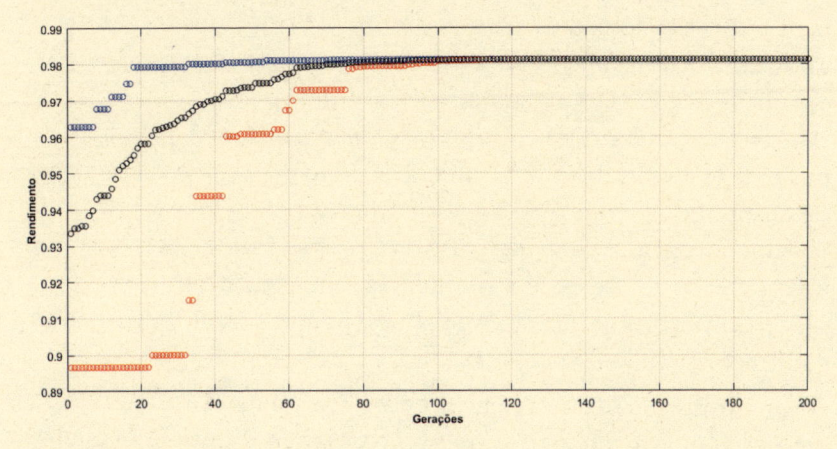

Nota. Elaborada pelo autor.

Figura 76

Comportamento dos parâmetros elétricos para sistema com parâmetros resultantes da segunda otimização. Compensação SS em $79\,kHz$*,* $L_p = 138,5\,\mu H$*,* $L_s = 8,0\,\mu H$ *e* $V_p \cong 100V$

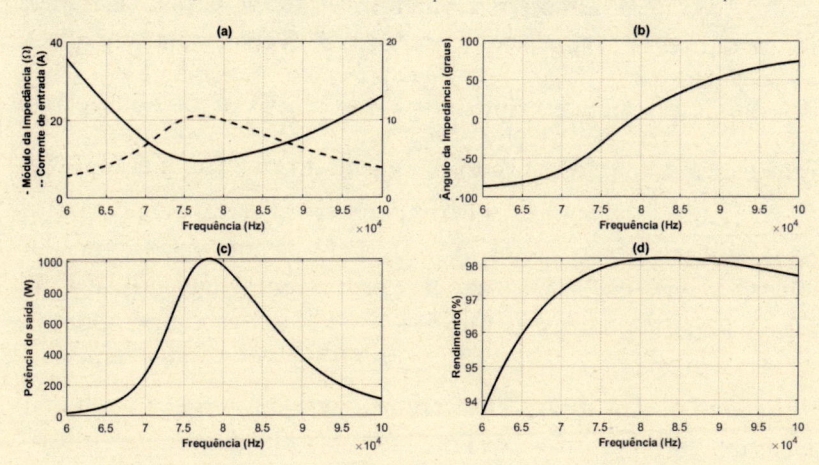

Nota. Elaborada pelo autor.

10.2 Resultados de simulação

A avaliação por meio de resultados de simulação é essencial para o sucesso do projeto. Neste exemplo, utilizaremos o Matlab/Simulink® como plataforma de simulação. Sob alguns aspectos, optou-se por executar uma simulação que se aproximasse ligeiramente de uma possível implementação prática. A princípio, o ponto fundamental dessa consideração consistiu em gerar a tensão de alimentação do circuito ressonantes a partir de um inversor ponte completa. Apesar de existirem outras formas para se criar uma onda oscilante de alta frequência, o inversor ponte-H é uma solução interessante dada a sua simplicidade e bom desempenho em diversas faixas de potência.

Conforme se observa na Figura 77, a simulação está dividida em três blocos principais. Da esquerda para a direita, o primeiro deles é responsável pela geração dos pulsos de gatilhamento dos interruptores de potência. Optou-se por uma modulação em três níveis procurando garantir simetria em condições cuja redução de valor eficaz seja necessária.

Ao centro, estão posicionados a fonte de alimentação e os interruptores de potência que compõem o inversor ponte completa. A fonte CC possui tensão igual a $\dfrac{V_p \pi \sqrt{2}}{4}$ objetivando-se que, para o índice de modulação utilizado, V_p seja de aproximadamente 100 V.

À direita, a topologia de compensação SS é alimentada a partir da saída do inversor. Conforme modelado até aqui, não foram consideradas resistências internas para os elementos capacitivos. Com base nas indutâncias selecionadas, os elementos compensadores, C_p e C_s, resultaram em $29,9\ nF$ e $507,3\ nF$, respectivamente.

As bobinas estão representadas por um indutor acoplado, no qual, com base nos resultados de otimização, foram inseridos os valores das autoindutâncias, das resistências estimadas e da indutância mútua.

Simulando-se o sistema, pode-se observar na Figura 78 o comportamento das tensões e correntes na carga e na saída do inversor que alimenta o sistema de transferência sem fio.

Figura 77

Disposição dos elementos para simulação

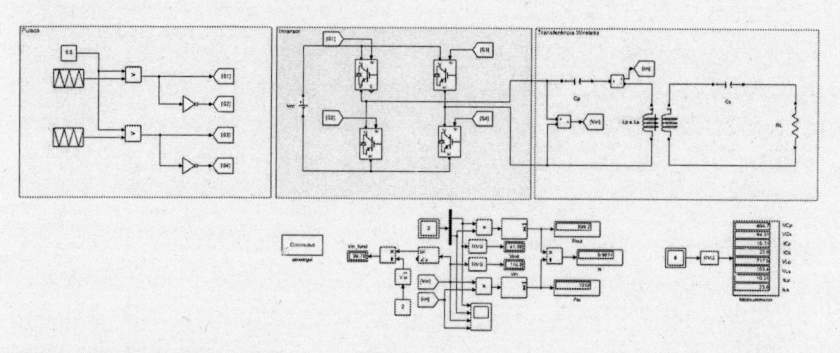

Nota. Elaborada pelo autor.

Figura 78

Resultados de simulação para os sinais de tensão e de corrente do sistema projetado

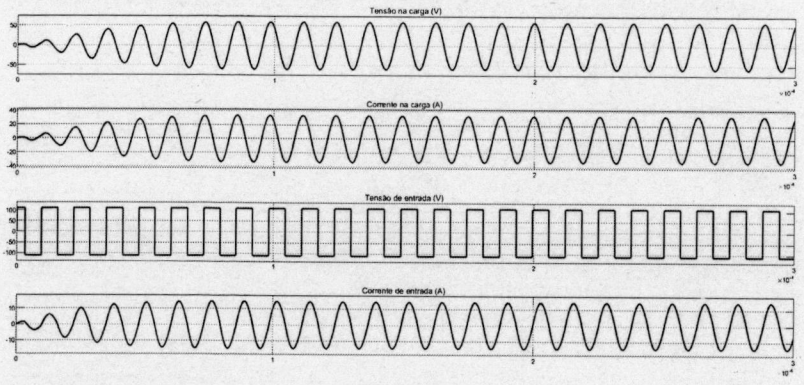

Nota. Elaborada pelo autor.

10.3 Projeto físico dos elementos de compensação

Para a implementação prática de um sistema de transferência sem fio, além da fonte de alimentação em alta frequência, há o desafio de se atingir bom desempenho na compensação por meio de elementos capacitivos comercialmente disponíveis e elementos indutivos viáveis de serem projetados e fabricados. Portanto, vale ressaltar que o sucesso do projeto não dependerá apenas da precisão nos valores projetados para a ressonância, mas é essencial avaliar os esforços de corrente e de tensão sobre os elementos capacitivos e indutivos visando um projeto físico adequado para operação.

Para o circuito ressonante simulado na Figura 77, os esforços de tensão e de corrente estão resumidos na Tabela 7. Tratando-se incialmente dos elementos indutivos, o pseudocódigo apresentado no Algoritmo 2 foi implementado para levantamento das características físicas de cada bobina. O projeto físico das bobinas resultou nos dados apresentados na Tabela 8.

Diferentemente das bobinas, os capacitores não serão construídos, mas, arranjados conforme disponibilidade de valores comerciais. Além das capacitâncias, a seleção de capacitores deverá levar em conta a tensão em seus terminais bem como a corrente que circula por eles. Para aplicações de ressonância e alta frequência, é fundamental que os capacitores utilizados apresentem valores reduzidos de resistência série (ESR) e indutância série (LSR). Os capacitores de filme com dielétrico de polipropileno (PP) e de sulfeto de polifenileno (PPS) são excelentes opções não apenas pelos valores reduzidos de ESR e LSR, mas também por apresentarem capacitâncias muito constantes em amplas faixas de temperatura e de frequência.

A seleção de capacitores é sempre um desafio à parte. Em resumo, o banco de capacitores deverá atingir um valor de capacitância próximo ao projetado e, ao mesmo tempo, deverá suportar a tensão de operação e a dissipação provocada pela corrente. O banco de capacitores bem projetado dependerá de boa familiaridade com a folha de dados de capacitores comerciais.

Conforme Tabela 7, o elemento capacitivo do primário deverá suportar no mínimo uma tensão eficaz de $695\ V$ e uma corrente eficaz de $10,3\ A$. Sem dúvida, o grande desafio do projeto de um banco de capacitores está em garantir que essa corrente não danifique o componente. Em geral, a corrente eficaz suportada por capacitores é pequena, estando diretamente relacionada às perdas provocadas pela ESR.

Direcionando nossa atenção para as perdas provocadas pela ESR, tomaremos como referência capacitâncias com valores inferiores a $100\ nF$, cuja tangente do ângulo de perdas ($tan(\delta)$) equivale a aproximadamente 40×10^{-4} para frequências próximas a $100\ kHz$ (Vishay Intertechnology, Inc., 2023). Em (82), apresenta-se a equação para o cálculo de ESR.

$$ESR = \frac{tan(\delta)}{2\pi fC} \tag{89}$$

Tendo o ESR, o próximo passo consiste em verificar a potência de dissipação suportável pelo capacitor. Geralmente, os capacitores de filme mais comuns suportam potências em torno de $40\ mW$, contudo, para o projeto bem-sucedido, é fundamental confirmar essa informação junto aos dados fornecidos pelo fabricante. Para projetos que exijam maior corrente, o desafio de se montar um banco de capacitores, especialmente se for de baixa capacitância, é muito grande. Sendo assim, torna-se importante buscar por componentes específicos, com baixíssimos valores de ESR e capazes de atender altas frequências e altas correntes. As aplicações de áudio impulsionaram a fabricação de capacitores com tais características, o que facilita encontrarmos comercialmente itens que atendam esses requisitos.

Seguindo com o nosso projeto, a corrente que fluirá por C_p é bastante alta, especialmente para o valor de capacitância de $29,9\ nF$. Este caso se encaixa bem na discussão apresentadao parágrafo anterior. Sendo assim, optamos por buscar capacitores de elevada precisão e com características bem específicas para essa situação (Electrocube, 2023). Com base na folha de dados consultada, simplificaremos o arranjo sugerindo três bancos em série, sendo cada banco com 11 capacitores de $8,2$ nF / 440 VCA em paralelo. Portanto, como resultado, o banco de capacitores para C_p terá capacidade de corrente de $11\,A$, tensão nominal de $1320\,VCA$ e capacitância equivalente de $30,1\,nF$.

Diferentemente do primário, dada a elevada capacitância de C_s, o projeto do banco de capacitores para o secundário terá mais opções de componentes e de combinações que garantam a operação dentro das faixas exigidas de corrente e de tensão. Se valendo do mesmo tipo de capacitores utilizados no primário, vamos simplificar o projeto utilizando um único banco composto por 23 capacitores de $22\,nF$ / $440\,VCA$ em paralelo. A capacidade de corrente resultante do arranjo será de $34,5\,A$, com tensão nominal de $440\,VCA$ e capacitância equivalente de $506\,nF$.

Tabela 7

Esforços de tensão e de corrente nos elementos do circuito – topologia SS

Parâmetros	Tensão eficaz	Corrente
Capacitância primária - C_p	$695\,V$	$10,3\,A$
Capacitância secundária - C_s	$96\,V$	$23,8\,A$
Indutância primária - L_p	$718\,V$	$10,3\,A$
Indutância secundária - L_s	$103\,V$	$23,8\,A$

Nota. Elaborada pelo autor.

Tabela 8

Dados de projeto para as bobinas primária e secundária

Parâmetros	Tensão eficaz	Secundária
Diâmetro dos condutores	$AWG\,26$	$AWG\,26$
Número de condutores em paralelo	26	59
Raio interno	$6,0\ cm$	$6,0\ cm$
Raio externo	$11,9\ cm$	$8,1\ cm$
Espiras	25	6
Indutância presumida	$142,8\ H$	$8,9\ H$
Resistência presumida	$73,2\ m$	$6,2\ m$

Nota. Elaborada pelo autor.

Finalmente, considerando que os novos elementos de compensação diferem daqueles projetados inicialmente, optou-se por reanalisar o desempenho do sistema por meio de nova simulação. A Tabela 9 resume os principais parâmetros comparados, sendo importante observar que a ligeira diferença nos elementos de compensação conduziu a uma significativa, porém aceitável, queda de desempenho na potência transferida.

Para justificar a razão da queda na potência transferida, a Figura 79c confirma que a mudança dos valores dos elementos de compensação conduziu não só para um deslocamento da frequência de ressonância como também reduziu o valor máximo de potência de saída para a nova frequência de ressonância. Quanto aos demais parâmetros apresentados na Figura 79, é evidente que o sistema permaneceu estável, com a nova impedância equivalente ressonando em aproximadamente 77,8 kHz (Electrocube, 2023).

Tabela 9

Comparação entre parâmetros e resultados calculados e projetados

Parâmetros	Calculados	Projetados
Capacitância primária - C_p	$29,9\ nF$	$30,1\ nF$
Capacitância secundária - C_s	$507,6\ nF$	$506,0\ nF$
Indutância primária - L_p	$138,5\ H$	$142,8\ H$
Indutância secundária - L_s	$8,0\ H$	$8,9\ H$
Resistência primária - R_p	$138,5\ m$	$73,2\ m$
Resistência secundária - R_s	$8,0\ m$	$6,2\ m$
Indutância mútua - M	$8,3\ H$	$8,9\ H$
Potência de entrada	$1018\ W$	$932,5\ W$
Potência de saída	$999\ W$	$922,7\ W$
Rendimento	$0,98$	$0,99$
Corrente primária	$10,3\ A$	$9,4\ A$
Corrente secundária	$23,8\ A$	$22,9\ A$
Tensão sobre C_p	$694,7\ V$	$630,8\ V$
Tensão sobre C_s	$103,1\ V$	$91,1\ V$
Tensão de saída	$42,0\ V$	$40,3\ V$

Nota. Elaborada pelo autor.

10.4 Conclusões do capítulo

Com base nas informações e análises apresentadas, conclui-se que o desenvolvimento de um sistema de transferência sem fio eficaz é intrincado e requer uma consideração cuidadosa dos componentes utilizados. Enquanto a precisão dos valores projetados para a ressonância é crucial, o dimensionamento físico e a seleção de componentes adequados são igualmente essenciais para garantir o desempenho ideal do sistema.

A escolha de componentes, como capacitores e indutores, deve ser feita com um conhecimento profundo das especificações do componente e das necessidades do sistema. Em particular, o banco de capacitores apresentou desafios significativos, exigindo uma seleção meticulosa para garantir que os componentes possam suportar as tensões e correntes do sistema, ao mesmo tempo em que mantêm baixas perdas e alta eficiência.

Além disso, a necessidade de reavaliação após a seleção de novos elementos de compensação destaca a natureza iterativa do design em engenharia. Pequenas alterações nos componentes ou parâmetros podem levar a mudanças significativas no desempenho do sistema, tornando essencial uma análise contínua e ajustes conforme necessário.

Em resumo, o projeto de sistemas de transferência sem fio é uma tarefa complexa que exige uma combinação de teoria e prática. A partir de uma abordagem sistemática e considerando as nuances dos componentes selecionados, é possível desenvolver um sistema eficiente e confiável. Este capítulo forneceu insights valiosos sobre o processo e destacou a importância da atenção aos detalhes no design de sistemas de transferência de energia sem fio.

Figura 79

Comportamento dos parâmetros elétricos para sistema com parâmetros resultantes do projeto físico. Compensação SS em $79\,kHz$, $L_p = 142,8\,\mu H$, $L_s = 8,9\,\mu H$ *e* $V_p \cong 100V$

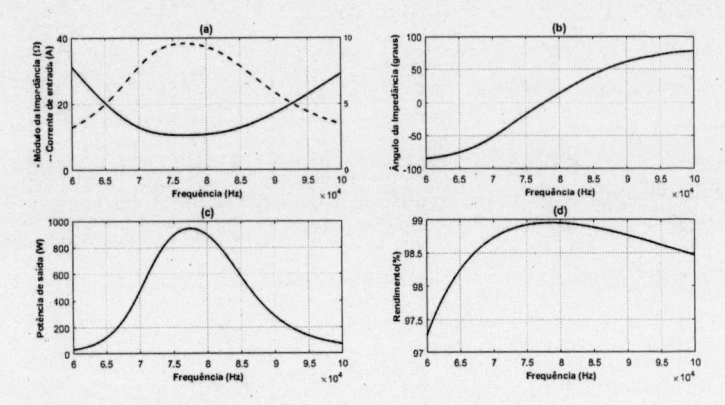

Nota. Elaborada pelo autor.

REFERÊNCIAS

Agarwal, K., Jegadeesan, R., Guo, Y. -X., & Thakor, N. V. (2017). Wireless Power Transfer Strategies for Implantable Bioelectronics. *IEEE Reviews in Biomedical Engineering, 10,* pp. 136–161.

Al-Asadi, M. M., Duffy, A. P., Willis, A. J., Hodge, K., & Benson, T. M. (1998). A simple formula for calculating the frequency-dependent resistance of a round wire. *Microw. Opt. Technol. Lett., 19*(2), pp. 84-87.

Boot, H. A., & Randall, J. T. (1976). Historical Notes on the Cavity Magnetron. *IEEE Transactions on Electron Devices, 23*(7), pp. 724-729.

Brown, W. C. (1984). The History of Power Transmission by Radio Waves. *IEEE Transactions on Microwave Theory and Techniques, 32*(9), pp. 1230-124.

Dai, J., & Ludois, D. C. (2015). A Survey of Wireless Power Transfer and a Critical Comparison of Inductive and Capacitive Coupling for Small Gap Applications. *IEEE Transactions on Power Electronics, 30*(11), pp. 6017-6029.

Detka, K., & Górecki, K. (2022). Wireless Power Transfer—A Review. *Energies, 15*(19), p. 7236.

Electrocube. (2023). *967D Series - Polypropylene and Foil Audio Capacitor.* Acesso em 18 de outubro de 2023, disponível em Electrocube Datasheets: https://www.electrocube.com/pages/audio-capacitor-polypropylene-and-foil-967d-data-sheet

Feng, H., Tavakoli, R., Onar, O. C., & Pantic, Z. (2020). Advances in High-Power Wireless Charging Systems: Overview and Design Considerations. *IEEE Transactions on Transportation Electrification, 6*(3), pp. 886-919.

Fernandes, R. C. (2015). *Elementos magnéticos fracamente acoplados para aplicação em transferência indutiva de potência: procedimento e critérios de projeto, análise de sensibilidade e condições de bifurcação [Tese de Doutorado, Escola de Engenharia de São Carlos].*

Fernandes, R. C., & Oliveira, A. A. (2015). Theoretical bifurcation boundaries for Wireless Power Transfer converters. *2015 IEEE 13th Brazilian Power Electronics Conference and 1st Southern Power Electronics Conference (COBEP/SPEC)*, (pp. 1-4). Fortaleza, Brazil.

Gazulla, J. L., Estopiñan, A. L., & Arasanz, J. S. (2009). *Sistemas de transferencia de energía para vehículos eléctricos mediante acoplamiento inductivo [Tese de Doutorado, Universidade de Zaragoza]*. Universidad de Zaragoza.

Huang, R. Z., Qiu, D., & Zhang, Y. (2014). Frequency Splitting Phenomena of Magnetic Resonant Coupling Wireless Power Transfer. *IEEE Transactions on Magnetics, 50*(11), pp. 1-4.

Minnaert, B., & Stevens, N. (2016). The Feasibility of Wireless Power Transfer Integration in Contemporary Furniture. *2016 IEEE International Conference on Emerging Technologies and Innovative Business Practices for the Transformation of Societies (EmergiTech)*, (pp. 241-244). Balaclava, Mauritius.

Mohan, S. S., del Mar Hershenson, M., Boyd, S. P., & Lee, T. H. (1999). Simple accurate expressions for planar spiral inductances. *IEEE Journal of Solid-State Circuits, 34*(10), pp. 1419-1424.

Shevchenko, V., Husev, O., Strzelecki, R., B., P., Poliakov, N., & Strzelecka, N. (2019). Compensation Topologies in IPT Systems: Standards, Requirements, Classification, Analysis, Comparison and Application. *IEEE Access, 7*, pp. 120559-120580.

Shinohara, N. (2014). *Wireless Power Transfer via Radiowaves (Wave Series)*. Great Britain, and United States: Publishing and John Wiley & Sons.

Steinsiek, F. (2003). Wireless Power Transmission Experiment as an Early Contribution to Planetary Exploration Missions. *54th International Astronautical Congress of the International Astronautical Federation, the International Academy of Astronautics, and the International Institute of Space Law*. Bremen.

Storn, R., & Price, K. (1997). Differential Evolution – A Simple and Efficient Heuristic for global Optimization over Continuous Spaces. *Journal of Global Optimization, 11*, pp. 341–359.

Swain, A. K., Devarakonda, S., & Madawala, U. K. (2014). Modeling, Sensitivity Analysis, and Controller Synthesis of Multipickup Bidirectional Inductive Power Transfer Systems. *IEEE Transactions on Industrial Informatics, 10*(2), pp. 1372-1380.

Triviño, A., Fernández, D., Aguado, J. A., & Ruiz, J. E. (2013). Sensitivity analysis of component's tolerance in Inductively Coupled Power Transfer system. *2013 International Conference on Renewable Energy Research and Applications (ICRERA)*, (pp. 806-810). Madrid, Spain.

Vishay Intertechnology, Inc. (2023). *AC and Pulse Metallized Polypropylene Film Capacitors MKP Axial Type*. Acesso em 18 de Outubro de 2023, disponível em Document Library: https://www.vishay.com/docs/26022/mkp1839.pdf

Wang, C.-S., Covic, G. A., & Stielau, O. H. (2004). Power transfer capability and bifurcation phenomena of loosely coupled inductive power transfer systems. *IEEE Transactions on Industrial Electronics, 51*(1), pp. 148-157.

Agarwal, K., Jegadeesan, R., Guo, Y. -X., & Thakor, N. V. (2017). Wireless Power Transfer Strategies for Implantable Bioelectronics. *IEEE Reviews in Biomedical Engineering, 10*, pp. 136–161.

Al-Asadi, M. M., Duffy, A. P., Willis, A. J., Hodge, K., & Benson, T. M. (1998). A simple formula for calculating the frequency-dependent resistance of a round wire. *Microw. Opt. Technol. Lett., 19*(2), pp. 84-87.

Boot, H. A., & Randall, J. T. (1976). Historical Notes on the Cavity Magnetron. *IEEE Transactions on Electron Devices, 23*(7), pp. 724-729.

Brown, W. C. (1984). The History of Power Transmission by Radio Waves. *IEEE Transactions on Microwave Theory and Techniques, 32*(9), pp. 1230-124.

Dai, J., & Ludois, D. C. (2015). A Survey of Wireless Power Transfer and a Critical Comparison of Inductive and Capacitive Coupling for Small Gap Applications. *IEEE Transactions on Power Electronics, 30*(11), pp. 6017-6029.

Detka, K., & Górecki, K. (2022). Wireless Power Transfer—A Review. *Energies, 15*(19), p. 7236.

Electrocube. (2023). *967D Series - Polypropylene and Foil Audio Capacitor.* Acesso em 18 de outubro de 2023, disponível em Electrocube Datasheets: https://www.electrocube.com/pages/audio-capacitor-polypropylene-and-foil-967d-data-sheet

Feng, H., Tavakoli, R., Onar, O. C., & Pantic, Z. (2020). Advances in High-Power Wireless Charging Systems: Overview and Design Considerations. *IEEE Transactions on Transportation Electrification, 6*(3), pp. 886-919.

Fernandes, R. C. (2015). *Elementos magnéticos fracamente acoplados para aplicação em transferência indutiva de potência: procedimento e critérios de projeto, análise de sensibilidade e condições de bifurcação [Tese de Doutorado, Escola de Engenharia de São Carlos].*

Fernandes, R. C., & Oliveira, A. A. (2015). Theoretical bifurcation boundaries for Wireless Power Transfer converters. *2015 IEEE 13th Brazilian Power Electronics Conference and 1st Southern Power Electronics Conference (COBEP/SPEC)*, (pp. 1-4). Fortaleza, Brazil.

Gazulla, J. L., Estopiñan, A. L., & Arasanz, J. S. (2009). *Sistemas de transferencia de energía para vehículos eléctricos mediante acoplamiento inductivo [Tese de Doutorado, Universidade de Zaragoza].* Universidad de Zaragoza.

Huang, R. Z., Qiu, D., & Zhang, Y. (2014). Frequency Splitting Phenomena of Magnetic Resonant Coupling Wireless Power Transfer. *IEEE Transactions on Magnetics, 50*(11), pp. 1-4.

Minnaert, B., & Stevens, N. (2016). The Feasibility of Wireless Power Transfer Integration in Contemporary Furniture. *2016 IEEE International Conference on Emerging Technologies and Innovative Business Practices for the Transformation of Societies (EmergiTech)*, (pp. 241-244). Balaclava, Mauritius.

Mohan, S. S., del Mar Hershenson, M., Boyd, S. P., & Lee, T. H. (1999). Simple accurate expressions for planar spiral inductances. *IEEE Journal of Solid-State Circuits, 34*(10), pp. 1419-1424.

Shevchenko, V., Husev, O., Strzelecki, R., B., P., Poliakov, N., & Strzelecka, N. (2019). Compensation Topologies in IPT Systems: Standards, Requirements, Classification, Analysis, Comparison and Application. *IEEE Access, 7*, pp. 120559-120580.

Shinohara, N. (2014). *Wireless Power Transfer via Radiowaves (Wave Series)*. Great Britain, and United States: Publishing and John Wiley & Sons.

Steinsiek, F. (2003). Wireless Power Transmission Experiment as an Early Contribution to Planetary Exploration Missions. *54th International Astronautical Congress of the International Astronautical Federation, the International Academy of Astronautics, and the International Institute of Space Law*. Bremen.

Storn, R., & Price, K. (1997). Differential Evolution – A Simple and Efficient Heuristic for global Optimization over Continuous Spaces. *Journal of Global Optimization, 11*, pp. 341–359.

Swain, A. K., Devarakonda, S., & Madawala, U. K. (2014). Modeling, Sensitivity Analysis, and Controller Synthesis of Multipickup Bidirectional Inductive Power Transfer Systems. *IEEE Transactions on Industrial Informatics, 10*(2), pp. 1372-1380.

Triviño, A., Fernández, D., Aguado, J. A., & Ruiz, J. E. (2013). Sensitivity analysis of component's tolerance in Inductively Coupled Power Transfer system. *2013 International Conference on Renewable Energy Research and Applications (ICRERA)*, (pp. 806-810). Madrid, Spain.

Vishay Intertechnology, Inc. (2023). *AC and Pulse Metallized Polypropylene Film Capacitors MKP Axial Type*. Acesso em 18 de Outubro de 2023, disponível em Document Library: https://www.vishay.com/docs/26022/mkp1839.pdf

Wang, C.-S., Covic, G. A., & Stielau, O. H. (2004). Power transfer capability and bifurcation phenomena of loosely coupled inductive power transfer systems. *IEEE Transactions on Industrial Electronics, 51*(1), pp. 148-157.